钢-混凝土组合结构施工技术指南

中国建筑股份有限公司　编写

中国建筑工业出版社

图书在版编目（CIP）数据

钢-混凝土组合结构施工技术指南/中国建筑股份有
限公司编写. —北京：中国建筑工业出版社，2015.2
ISBN 978-7-112-18850-5

Ⅰ.①钢… Ⅱ.①中… Ⅲ.①钢筋混凝土结构-混凝
土施工-指南 Ⅳ.①TU755-62

中国版本图书馆 CIP 数据核字（2015）第 290828 号

本书依托国家十二五科技支撑计划课题"钢-混凝土组合结构现代化施工关键技术研究
2011BAJ09B04"编写，本书可作为《钢-混凝土组合结构施工规范》GB 50901—2013 配套技术指
南使用。主编人为肖绪文院士。分为综合篇、施工技术篇和案例篇。主要内容包括：组合结构的
概念；组合结构的历史与现状；组合结构的特点与展望；组合结构施工技术；施工与保障；工程
案例等。

本书供施工人员使用，并可供大中专院校师生参考。

责任编辑：郭　栋
责任设计：李志立
责任校对：张　颖　姜小莲

钢-混凝土组合结构施工技术指南

中国建筑股份有限公司　编写

*

中国建筑工业出版社出版、发行（北京西郊百万庄）
各地新华书店、建筑书店经销
北京楠竹文化发展有限公司制版
环球印刷（北京）有限公司印刷

*

开本：787×1092 毫米　1/16　印张：10½　字数：262 千字
2015 年 12 月第一版　　2015 年 12 月第一次印刷
定价：**30.00** 元

ISBN 978-7-112-18850-5
（27984）

本书编委会

编制单位： 中国建筑股份有限公司

清华大学

中国建筑第四工程局有限公司

中建三局集团有限公司

中建钢构有限公司

中国建筑第八工程局有限公司

中建一局（集团）有限公司

编 写 人： 肖绪文　张晶波　杨　玮　樊健生　何　瑞

孙　晖　戴立先　薛　刚　瞿海雁　陶慕轩

周鹏华　晏　瑾　李　杰　余地华　艾心荧

周予启　李彦贺　张晓勇　周新军　冯伟东

陈泽熙　李凌峰　吴　江

目　录

目　录

第一篇 综 合 篇

第一章 组合结构的概念

根据材料的使用不同，结构工程师把结构体系分为木结构、砌体结构、混凝土结构、钢结构和钢-混凝土组合结构等。众所周知，混凝土和钢材是最常用的建筑材料，混凝土与钢材既具备良好的力学性能、适宜的施工性能和耐久性，同时也具有较为低廉的价格，能够适应现代社会发展的条件和需求，因此混凝土结构和钢结构相对于砖石结构和木结构等形成了压倒性的优势。而钢-混凝土组合结构则能将两种材料或构件通过某种方式结合起来，以更有效的方式发挥各种材料及构件的优势，从而获得更好的结构性能和综合效益。需要说明的是，对一种结构形式的评价不能单纯使用力学指标。大量的工程实例表明，组合结构不仅受力性能良好，也继承了钢结构和混凝土结构各自在施工性能、耐久性、经济性等方面的优点，可以说在综合效益上具有强大的竞争力。随着地球资源的日益枯竭和人口压力的不断增大，环保节能、符合可持续发展的理念也日益深入工程建设领域，组合结构所使用的钢结构部分由工厂预制、施工现场清洁安全、维护成本较传统建筑更低，这都是对环境和资源的保护，因此钢-混凝土组合结构也符合可持续发展要求的特点。

钢-混凝土组合结构是在钢结构和混凝土结构基础上发展起来的一种新型结构形式，有效地综合了这两种结构的优点，使得综合性能有进一步的提升。同钢结构相比，钢-混凝土组合结构用钢量减小、刚度增大、结构的稳定性和整体性增加、结构的抗火性和耐久性也有显著提高；而相比于混凝土结构，组合结构构件截面尺寸明显减小、结构自重减轻、地震作用减弱、有效使用空间增加、基础造价降低、施工周期缩短。经过几十年的研究及工程实践，钢-混凝土组合结构已经发展成为既区别于传统的钢筋混凝土结构和钢结构，又与之密切相关和交叉的一门结构学科，应用领域十分广泛。

随着材料科学的发展，各种新型材料也为组合结构的发展提供了更多的选择。比如，FRP 材料抗腐蚀能力强、密度低、强度高，与传统的混凝土材料组合后可以获得良好的长期费效比。广义来说，将一些新型的材料如合金、玻璃、工程塑料等与钢材、混凝土等传统材料有效组合也是组合结构的一个发展方向。

巧妙利用材料间的粘结力、机械连接件的抗剪抗拔力、构件或材料间的相互约束与支持等可有效的发挥组合作用。除了利用新型材料进行组合外，采用多种多样的组合方式和途径，灵活运用组合概念，亦是获得一系列性能优越的组合结构的发展方向。

钢-混凝土组合梁（steel-concrete composite beams）将钢梁与混凝土翼板通过抗剪连接件组合，充分发挥了混凝土的抗压能力和钢材的抗拉能力，是一类广泛使用的横向承重组合构件。传统的钢筋混凝土梁在正常使用状态下位于受拉区的混凝土容易开裂。此时，受拉区的混凝土不仅发挥不了作用还增加了结构自重。而钢结构梁通常被设计为薄壁构件，存在构件稳定性差，在缺少侧向约束时容易发生失稳破坏的弊端，导致材料利用率降低。而钢-混凝土组合梁则综合了混凝土梁和钢梁的优势，在受压区使用混凝土翼板而在受拉区则配置钢梁，两者之间通过抗剪连接件组成整体。这样既解决了混凝土受拉开裂的问题，也保证了在正向荷载作用下钢梁不会发生失稳；既提高了梁的整体受力性能，也减轻了结构自重。

需要说明的是，在组合梁的构造中，抗剪连接件是组合梁发挥组合作用的一个重要因素。如果钢梁上翼缘与混凝土板下翼缘之间没有任何构造措施，则两者之间可以发生自由相对滑动。当施加外荷载时，混凝土板与钢梁会分别绕自身中和轴发生变形，整个结构的承载力相当于两者承载力的简单叠加（图 1-1a）。因为混凝土板截面高度较小，开裂弯矩和抗弯承载力都很低，而钢梁则易发生整体及局部屈曲，极限抗弯承载力也往往难以充分发挥。当采取一定的机械或其他构造措施保证钢梁与混凝土板之间的可靠连接时，两者则不发生任何滑移并绕同一中和轴发生变形（图 1-1c）。此时，混凝土翼板基本处于受压状态，钢梁大部处于受拉状态，同时混凝土翼板对钢梁的支撑作用可以防止结构发生失稳，从而使两种材料的力学性能均能够得到充分发挥。在实际中，钢-混凝土组合梁的抗剪构造措施往往很难也没有必要完全避免钢梁与混凝土翼板之间相对滑移的产生，则结构的应变和应力分布介于上述两种情况之间（图 1-1b）。

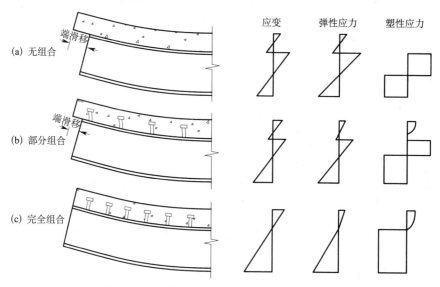

图 1-1　组合作用与截面应变-应力分布的关系

相比于传统的混凝土梁及钢梁，钢-混凝土组合梁具有截面高度小、自重轻、延性好等优点。相比于钢筋混凝土梁，组合梁能有效降低结构高度，减轻自重，缩短施工周期，提高结构的延性；而相比于钢梁，组合梁则能有效增大结构刚度，提高整体稳定性和局部稳定性，改善结构动力性能。除了力学性能有优势外，当采用混凝土叠合板翼板或压型钢板组合板翼板时，组合梁在施工中减少了施工支模工序和模板，提高了施工效率。基于钢-混凝土组合梁的以上特点，在大跨、重载及对结构高度要求较高的条件下，采用组合梁作为横向承重构件均能够带来显著的经济效益。

型钢混凝土（steel reinforced concrete）结构是指在型钢周围配置钢筋，并浇筑混凝土所组成的结构，也称劲性钢筋混凝土或钢骨混凝土。试验研究表明，通过合理的构造措施将型钢与外包的钢筋混凝土形成整体共同受力，其受力性能要优于型钢与钢筋混凝土的简单叠加。型钢混凝土中需要配置一定数量的箍筋，一方面是约束外包混凝土，避免混凝土过早剥落而导致承载力迅速丧失；另一方面，箍筋也能有效防止型钢与混凝土界面的粘结破坏，增强组合作用。相比于钢筋混凝土结构，型钢混凝土由于配置钢骨使得含钢率大幅度提高，构件的承载力和延性能有效增强，改善了结构的抗震性能。另外，在施工阶段钢骨本身可作为支撑使用，有效加快施工速度。而相比于纯钢结构，外包的钢筋混凝土既能解决钢结构防火性能差的问题，又可以约束型钢防止其发生局部屈曲，从而提高了构件的刚度及整体承载力，节省用钢量。

钢管混凝土（concrete filled steel tubes）由圆形或矩形截面钢管及内填混凝土组成。混凝土在受力过程中，钢管对混凝土的套箍作用使混凝土处于多向受压状态从而提高了混凝土的强度和延性，混凝土对钢管的约束则可以避免或延缓钢管发生局部屈曲，保证了钢材的性能得以充分发挥。圆钢管混凝土柱在轴压下的受力模式参见图 1-2 所示。

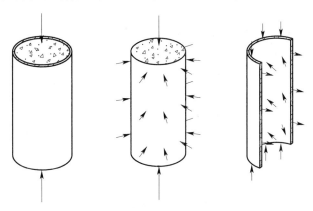

图 1-2　钢管混凝土短柱受力模式

钢管混凝土是在型钢混凝土及螺旋配箍混凝土的基础上发展起来的，具有承载力高、延性及抗震性能好等优点。但是，相比于型钢混凝土及螺旋配箍混凝土，钢管混凝土还具有良好的施工性能，在施工阶段外侧钢管可以作为耐压模板使用，提高施工的便捷性。相比于纯钢柱，在承载力相同的情况下能够有效地节省钢材，同时大幅度减少焊接工作量。相比于普通钢筋混凝土柱，在保证用钢量及承载能力相近的情况下，可有效减小构件截面积，增大建筑使用面积并减少结构自重。基于上述优点，在高层建筑、工业厂房、大跨桥梁等领域中，钢管混凝土均有广泛的使用。

随着我国国民经济的快速发展和基础建设规模的不断扩大，对各种能够满足超高、大跨以及其他特殊要求的结构形式提出了越来越高的要求。同时，新材料、新技术的出现，也为结构体系的创新与发展创造了条件。经过几十年的科学研究及工程实践的积累，组合结构的发展十分迅速，其结构类型和适用范围涵盖了结构工程应用的多个领域，在建筑、桥梁领域均有大量的工程应用实例。

第二章　组合结构的历史与现状

第一节　组合结构的历史回顾

　　1894 年，美国匹兹堡有一栋建筑出于防火的需要在钢梁外面包上了混凝土，但并未考虑混凝土与钢的共同受力，这个可以说是组合结构的雏形。而在 20 世纪 20 年代才出现具有现代意义的钢-混凝土组合梁，并在 20 世纪 30 年代中期出现了钢梁和混凝土翼板之间的多种抗剪连接构造方法。1908 年，美国哥伦比亚大学首先对外包混凝土的钢柱进行试验，并通过研究证明混凝土的存在可以提高柱的承载力。20 世纪 60 年代后，当钢管结构得到应用后不久，又出现了在钢管内填充混凝土的钢管混凝土结构。而相比外包混凝土柱，钢管混凝土由于两种材料之间的相互约束作用使得性能明显增强。早期的组合结构主要采用混凝土与钢材两种材料，将混凝土板、钢梁、钢管、钢骨等不同构件单元组合起来一同工作。随着压型钢板、玻璃、FRP 等新型材料以及高强度合金、高性能混凝土的开发应用，近年来组合结构的类型也在不断扩大。

　　随着组合结构的推广应用，在相关研究及工程实践的基础上，各国也制订了多部有关组合结构的设计规范。1944 年，美国 AASHTO 规范首次列入了有关组合梁的设计条文。美国 AISC、加拿大建筑设计规范、德国 DIN1078 分别在 1952 年、1953 年和 1954 年首次列入了有关组合梁的设计条文。1981 年，由欧洲国际混凝土委员会（CEB）、欧洲钢结构协会（ECCS）、国际预应力联合会（FIP）以及国际桥梁与结构工程协会（IABSE）共同组成的组合结构委员会颁布了组合结构规范（Composite Structures，Model Code）。以该规范为基础进行修订和补充，欧洲标准委员会（CEN）于 1994 年颁布了欧洲规范4（EC4），这是目前世界上关于钢-混凝土组合结构最完整的一部设计规范，为组合结构的研究和应用作了比较全面的总结，并指出了今后的发展方向。

　　我国在 1974 年颁布的《公路桥涵设计规范（试行）》第五章中首次提到了组合梁的设计概念，并于 1986 年颁布的《公路桥涵钢结构及木结构设计规范》（JTJ 025—86）中对有关组合梁的内容进行了完善和补充。1988 年，我国《钢结构设计规范》（GBJ 17—88）首次列入了一章"钢与混凝土组合梁"的内容，标志着钢-混凝土组合梁在我国的应用开始受到广泛的重视。随后，《钢-混凝土组合楼盖结构设计与施工规程》（YB 9238—92）、《钢管混凝土结构设计与施工规程》（CECS 28：90）、《钢骨混凝土结构设计规程》（YB 9082—98）、《钢-混凝土组合结构设计规程》（DL/T 5085—1999）等一系列规程的颁布对促进组合结构在我国的发展起到了重要作用。2003 年颁布实施的《钢结构设计规范》（GB 50017—2003）中有关组合梁一章的内容，在原规范基础上得到了进一步的充实和拓宽，增加了有关叠合板组合梁、连续组合梁等设计内容，吸收了我国近年来在钢-混凝土组合梁研究和应用领域的最新成果，并首次采用了较为精确的折减刚度法来计算组合梁的刚度。近年来，我国又新编或修订了多部与钢-混凝土组合结构有关的规范、规程，如交通部《公路钢-混凝土组合结构桥梁设计施工细则》、住房和城乡建设部《钢-混凝土组合结构设计规范》等。

第二节 各类型组合结构的发展及现状

一、钢-混凝土组合构件和节点

钢-混凝土组合构件是目前应用最广泛、研究最成熟的组合结构形式，包括钢-混凝土组合柱、钢-混凝土组合梁、钢-混凝土组合楼板和钢-混凝土组合剪力墙等。

组合柱包括型钢混凝土柱和钢管混凝土柱两类。这两类组合柱的组合概念有所差异。型钢混凝土柱是通过外包混凝土对钢柱的支持防止其屈曲起到组合作用，而钢管混凝土则利用了钢管对混凝土的横向约束作用提高了后者的强度和延性。

型钢混凝土柱根据内部型钢的布置情况，可分为实腹式和空腹式两种。实腹式型钢包括焊接或轧制的工字形、口字形、十字形截面。由于实腹式型钢抗剪能力强，因此抗震性能较强。而空腹式型钢则采用角钢或小型钢通过缀板连接所形成的格构式钢骨架，其受力性能与普通钢筋混凝土柱相似。因此，目前在抗震结构中多采用实腹式型钢混凝土柱。图2-1（a）～（d）为应用于中柱的型钢混凝土柱截面形式，图2-1（e）～（h）为应用于边柱或角柱的型钢混凝土柱截面形式，其中图2-1（c）、（f）、（h）为实腹式型钢，其余为格构式型钢。型钢混凝土将钢材置于构件截面内部，因此钢材强度的发挥程度将小于将钢材布置在构件周边的钢管混凝土。当仅依靠型钢与混凝土间的粘结力时，难以充分保证型钢与混凝土的协同工作性能，需要沿型钢周边布置一定数量的构造钢筋，从而给施工带来困难。此外，将型钢混凝土应用于框架梁时，混凝土裂缝宽度有时难以控制，这些弊端在一定程度上影响到型钢混凝土梁的应用。

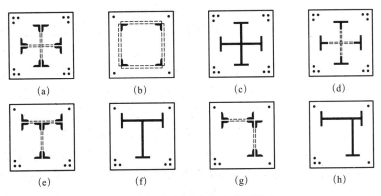

图 2-1 型钢混凝土柱的截面形式

钢管混凝土相比于型钢混凝土则有更多的力学性能及施工性能的优势，能够在提高钢材和混凝土性能的同时方便施工，在工程实践中有更为广泛的应用。按截面形式不同，钢管混凝土可分为圆钢管混凝土、方钢管混凝土和多边形钢管混凝土等（图2-2）。在一些工程实践中，圆钢管混凝土的应用实例较多，也有部分采用矩形截面的钢管混凝土。与圆钢管混凝土相比，方钢管混凝土在轴压作用下的约束效果降低，但相对圆钢管混凝土的截面惯性矩更大，因此在弯压作用下具有更好的性能。同时，这种截面形式制作比较简单，尤其是节点处与梁的连接构造比较易于处理，因而在国外的应用较多，在我国的应用也呈上升趋势。对于八角形等多边形钢管混凝土，其工作状态则介于两者之间。目前，钢管混凝土与泵送混凝土、逆作法、顶管法施工技术相结合，在我国超高层建筑以及桥梁建设中已取得了相当多的成果。

图 2-2　钢管混凝土柱的截面形式

　　组合梁是一类重要的横向承重组合构件。采用不同的结构材料并通过不同的组合方式，可以形成多种多样的组合梁。组合梁按照截面形式，可以分为外包混凝土组合梁和 T 形组合梁，如图 2-3 所示。早期的组合梁将钢梁包裹在混凝土内（型钢混凝土梁），自重较大，并难以控制裂缝宽度，主要依靠钢材与混凝土之间的粘结力协同工作。T 形组合梁则依靠抗剪连接件将钢梁与混凝土翼板组合在一起。大量的研究和实践经验表明，T 形组合梁更能够充分发挥不同材料的优势，具有更高的综合性能，是组合梁应用和发展的主要形式。

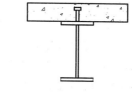

（a）外包混凝土组合梁　　　（b）无托座的T形组合梁　　　（c）有托座的T形组合梁

图 2-3　不同的组合梁截面形式

　　T 形钢-混凝土组合梁按照混凝土翼板的构造不同又可以分为现浇混凝土翼板组合梁、预制板翼板组合梁、叠合板翼板组合梁以及压型钢板混凝土翼板组合梁，如图 2-4 所示。现浇混凝土翼板组合梁（图 2-4a）的混凝土翼板全部现场浇筑，优点是混凝土翼板整体性好；缺点是需要现场支模，湿作业工作量大，施工速度慢。而预制混凝土翼板组合梁（图 2-4b）安装施工时仅需要浇筑槽口处的混凝土，可减少现场湿作业工作量，加快施工进度，减少混凝土收缩等不利因素的影响。这种组合梁形式通常应用于桥梁结构，对预制板的加工精度要求高，不仅需要在预制板端部预留槽口，而且要求两板端预留槽口在组合梁的抗剪连接件位置处对齐，同时槽口处需附加构造钢筋，因此对施工水平的要求较高。作为大规模推广应用的结构形式，实现预制混凝土翼板组合梁的精确施工并确保其质量尚有一定困难。叠合板翼板组合梁（图 2-4c）在保留预制板组合梁优点的基础上，进一步降低了施工难度，提高了施工质量，具有构造简单、施工方便、受力性能好等优点。混凝土预制板在施工时作为施工平台和永久模板使用，在使用阶段则作为楼面板或桥面板的一部分参与板的受力，同时还作为组合梁混凝土翼板的一部分参与组合梁的受力。这种形式的组合梁施工工艺简单，结构性能良好，是对传统组合梁的重要发展。而随着在高层建筑中压型钢板的应用越来越广泛（图 2-4d），压型钢板在施工阶段可以代替模板，在使用阶段的功能则取决于压型钢板的形状和构造。对于带有压痕和抗剪键的开口型压型钢板以及近年来发展起来的闭口型和缩口型压型钢板，还可以代替混凝土板中的下部受力钢筋，其他类型的压型钢板一般则只作为永久性模板使用。

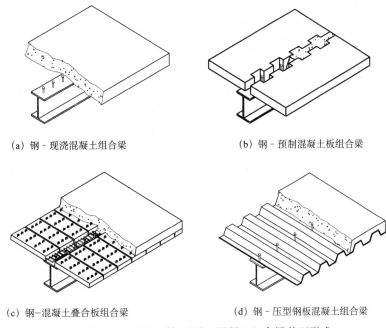

(a) 钢-现浇混凝土组合梁　　　　　　　(b) 钢-预制混凝土板组合梁

(c) 钢-混凝土叠合板组合梁　　　　　　(d) 钢-压型钢板混凝土组合梁

图 2-4　不同混凝土翼板的钢-混凝土组合梁截面形式

组合梁所采用的钢梁形式除了工字形外，还有箱形、钢桁架、蜂窝形钢梁等形式，如图 2-5 所示。箱形钢梁可以包括开口截面和闭口截面两种情况。开口箱梁虽能节省钢材，但是在施工阶段抗扭刚度较小；闭口箱梁在施工阶段的整体性好，抗扭刚度较大，但在正弯矩作用下钢梁上翼缘发挥的作用较小，用钢量相比于开口箱梁略有增加。桁架组合梁则更加适用于大跨度结构，在施工阶段桁架梁的刚度较大，可以分段运输和现场拼装，适用于桥梁结构、大跨连体和连廊结构。而蜂窝形钢梁通常由轧制 I 型钢或 H 型钢先沿腹板纵向切割成锯齿形后再错位焊接相连而成，蜂窝形钢梁能利用开孔腹板进行水平方向的设备及电气管道的布置。一般情况下，蜂窝形钢梁的加工制作工艺复杂，而且由于腹板的抗剪

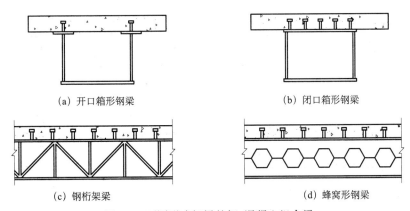

(a) 开口箱形钢梁　　　　　　　　　　(b) 闭口箱形钢梁

(c) 钢桁架梁　　　　　　　　　　　　(d) 蜂窝形钢梁

图 2-5　不同形式钢梁的钢-混凝土组合梁

能力的减弱，通常由腹板的抗剪控制设计。因此，当没有加工制作蜂窝形钢梁的专用设备时，采用蜂窝形组合梁的经济效益并不显著。目前，我国有关规范规程与组合梁相关的内容还没有涉及蜂窝形组合梁。

　　为进一步提高组合梁的力学性能及使用性能，将预应力技术与组合梁相结合可形成预应力组合梁。按照施加预应力目的不同，预应力组合梁可以仅在钢梁内施加预应力，以减小使用荷载下组合梁正弯矩区钢梁的最大拉应力，增大钢梁的弹性范围，满足对钢梁应力水平的控制要求。在组合梁负弯矩区的混凝土翼板中施加预应力，则可以降低组合梁负弯矩区混凝土翼板的拉应力以控制混凝土开裂或减小裂缝宽度。还可以在正弯矩区和负弯矩区均施加预应力，这种方式可以曲线形式布置预应力筋，也可以在正弯矩区和负弯矩区分别布置预应力筋，以同时达到降低正弯矩区钢梁应力和控制负弯矩区混凝土开裂的目的。除了采用张拉钢丝束之外，调整支座相对高程、预压荷载等方法也可以在组合梁内施加预应力。对于是否需要在组合梁内施加预应力，取决于梁的高跨比、荷载大小和结构的使用要求等，设计时需特别注意混凝土收缩、徐变等长期效应所导致的预应力损失问题。预应力钢-混凝土组合梁在桥梁结构中已经得到了较为广泛的应用，在建筑结构中的大跨组合梁中也有应用，具有很好的综合效益。

　　抗剪连接件是保证钢-混凝土组合梁发挥组合作用的关键元件。抗剪连接件常焊接于钢梁翼缘，通过横向钢筋和混凝土的作用将钢梁内的剪力传递到混凝土翼板相对较宽的范围内。抗剪连接件一方面需要传递混凝土与钢梁间的水平剪力；另一方面，还需要防止翼板与钢梁间竖向分离，起到抗掀起的作用。早期的抗剪连接件形式有弯筋、槽钢和角钢等，其基本形式如图2-6（a）、（b）、（c）所示。相比于栓钉，这些早期连接件的施工工艺均比较复杂，但单个连接件的承载力相对较高。栓钉在各个方向上受力性能相同，焊接质量易于保证，并能透过压型钢板直接进行熔透焊，给设计施工均带来很大方便。自20世纪80年代中期以后，随着栓钉焊接设备国产化的成功，栓钉成为国内研究及应用的主要抗剪连接件形式。根据大量的试验统计和分析，《钢结构设计规范》GB 50017—2003放宽了栓钉抗剪连接件承载力的上限值，提高了组合结构设计施工的经济性。

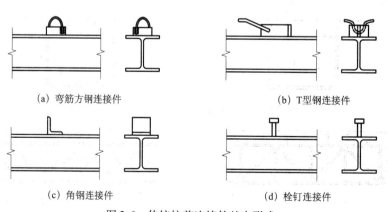

(a) 弯筋方钢连接件　　　　　　　　　(b) T型钢连接件

(c) 角钢连接件　　　　　　　　　　　(d) 栓钉连接件

图2-6　传统抗剪连接件基本形式

组合节点是指连接两种不同类型构件的节点，其内力传递路径及破坏模式要比纯钢结构或钢筋混凝土节点复杂，组合节点可以连接不同形式的混凝土梁柱、钢结构梁柱或组合结构梁柱，框架结构中常见的组合节点形式如图 2-7 所示。目前，框架设计时通常将节点理想化为刚度无穷大的刚性节点或刚度为零的铰接节点，但在工程实际中组合节点多属于典型的非线性半刚性连接。这种节点降低了梁单元对柱单元的约束刚度，节点耗能性能较强，是一种理想的抗震节点形式。Northridge 地震和阪神地震后，国外的研究多集中于节点在强震作用下的性能和设计方法，在非地震作用下的研究则主要集中于各种形式的半刚性节点。根据工程实际的需要，国内组合节点研究主要集中在钢管混凝土柱与钢梁或钢筋混凝土梁相连的节点上并提出了各种节点形式，虽然提出的各种节点形式能满足特定结构设计某些方面的要求，但仍存在一些问题。例如，很难同时满足节点的力学性能和施工的简易性、经济性多方面的要求，而且这些节点形式主要是针对某项具体工程，其应用的普遍性仍受到一定的限制。

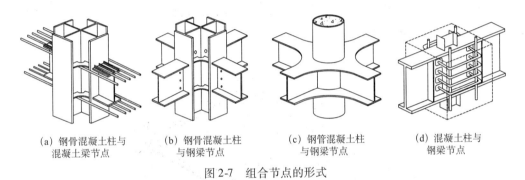

(a) 钢骨混凝土柱与混凝土梁节点　(b) 钢骨混凝土柱与钢梁节点　(c) 钢管混凝土柱与钢梁节点　(d) 混凝土柱与钢梁节点

图 2-7　组合节点的形式

二、钢-混凝土组合结构体系

随着建筑材料、设计理论和设计方法的发展，组合结构也由构件层次向结构体系方向发展。组合结构体系是由组合承重构件或组合抗侧力构件形成的结构体系，可以充分发挥不同材料和体系的优势，克服传统结构体系的固有缺点。钢筋混凝土结构随着建筑层数的增加和柱网尺寸的增大，为了提高单柱的承载力而必须增大柱截面，从而形成对抗震不利的短柱。而且，混凝土本身延性较差，为提高结构安全性所采取的很多构造措施大大增加了施工的难度和成本。而纯钢结构随着建筑高度的增加其侧向刚度小、抗侧移能力差等问题则需要重点考虑。此外，钢结构抗火能力较差、防腐代价高等问题也需要解决。而通过组合概念则可以充分发挥钢材和混凝土的材料特性，形成一系列新颖、高效的结构体系。

根据结构体系间不同的组合方式，钢-混凝土组合结构体系主要包括以下几个类型：

1) 横向组合结构体系

组合筒体—组合框架结构体系是一种常见的横向组合结构体系。框筒或实腹筒主要承受侧向荷载，一般由钢管混凝土或钢板组合剪力墙形成；外框架主要承担竖向荷载，则由钢-混凝土组合梁与组合柱形成；两者间则通过组合楼盖或伸臂桁架的作用保持协调工作。组合框架柱网间距较大，能满足建筑使用要求，并具有一定的抗侧移刚度；而组合楼盖空间作用明显，保证简体和框架能够协同工作，减小剪力滞后效应的不利影响。

2）竖向混合结构体系

在高层建筑中，各楼层不同的使用功能对结构形式提出了不同的要求。如公共活动区域需要较大空间，对结构提出了大跨度的要求；而居住区域则需要结构外观更加平整。因此，一种合理的做法是沿竖向分别使用不同的结构形式，从而形成了竖向混合的结构体系。另外，从受力的角度出发，高层建筑顶部与底部具有不同的结构性能要求，如顶部需要较轻的自重，底部则需要较强的抗侧移刚度。此时，在下部各层采用钢筋混凝土结构，而在上部各层采用钢结构，则可以获得较好的综合效果。

3）组合框架结构体系

组合框架体系的构成中包括：钢-混凝土组合梁、钢-混凝土组合板、钢管或型钢混凝土柱。结构中组合框架承受竖向荷载和侧向荷载。而组合楼盖除了作为水平承重构件承担竖向荷载之外，还具有很大的水平刚度以保证各框架间的协同工作，提高结构的抗侧力性能。典型的多层组合框架结构如图 2-8 所示。

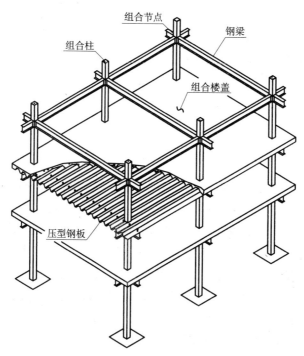

图 2-8　钢-混凝土组合框架体系

4）巨型组合结构体系

巨型组合结构体系由巨型组合构件组成的桁架或框架作为主体结构，其他结构构件则构成次结构与主体结构共同工作。主结构为主要的抗侧力体系，次结构只承担竖向荷载并将其传递给主结构。巨型组合结构的承重及抗侧力构件都是空心的或格构式的立体构件，截面尺寸通常很大，具有超常规的巨大抗侧移刚度及整体工作性能。巨型柱可以采用格构式钢管混凝土柱或组合简体，一般布置在结构的四角；巨型梁则采用高度在一层或一层以上的空间组合桁架或巨型组合梁，通常每隔 10 ~ 15 个楼层设置一根。这种结构体系的一种布置方案可参见图 2-9。

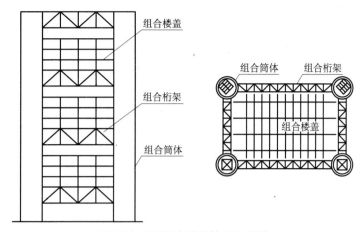

图 2-9 巨型组合结构体系布置图

第三章 组合结构的特点与展望

第一节 组合结构的特点及优势

近年来，随着相关科学理论研究的深入以及大量的工程实践积累，钢-混凝土组合结构得到迅速的发展，在大跨结构、高层和超高层建筑以及大型桥梁结构等很多领域内得到了推广应用，组合结构也正由构件层次向结构体系方向发展。在我国已建或在建的100多幢高层建筑特别是超高层建筑结构中，一半以上都全部或部分采用了组合结构体系；而在桥梁结构中，由于组合梁桥具有优越的力学性能、施工性能，在国内许多大型桥梁中均得到广泛应用，并且有研究表明，当桥梁跨度超过18m时，组合桥在综合效益上的优势是显著的。具体来说，钢-混凝土组合结构具有以下优点：

1）组合结构体系具有良好的力学性能和使用性能

组合结构体系具有较强的抗侧移刚度。例如，混凝土核心筒-钢框架体系以侧向刚度较大的钢筋混凝土内筒作为主要的抗侧力结构，通过伸臂桁架等措施与外框架组合后，侧向刚度大于通常的钢结构体系，可以减少风荷载作用下的侧移和 $P-D$ 效应对结构的不利影响。同时，钢筋混凝土内筒和外钢框架可以形成多道抗震防线，提高结构的延性和抗震性能。相对于钢筋混凝土结构，组合结构使用高强度钢材可以减轻自重，从而减小了地震作用和构件截面尺寸，并相应降低了基础造价。

2）组合结构的综合效益要优于钢结构及钢筋混凝土结构体系

目前，我国钢筋混凝土结构的直接造价明显低于钢结构。钢-混凝土组合结构发挥了混凝土的力学及防护性能，使得结构的总体用钢量小于相应的纯钢结构，同时可节省部分防腐、防火涂装的费用。有统计表明，高层建筑采用钢-混凝土组合结构的用钢量低于相应纯钢结构约30%。因此，从直接造价上来进行比较，钢-混凝土组合结构造价基本上介于纯钢结构和钢筋混凝土结构之间。从施工角度看，组合结构体系与钢结构的施工速度相当，相对于混凝土结构，则由于节省了大量支模、钢筋绑扎等工序，同时钢构架又可作为施工平台使用，使得施工速度可以大大增快、工期缩短。在考虑施工时间的节省、使用面积的增加以及结构高度降低等因素后，组合结构体系的综合经济指标一般要优于纯钢结构和混凝土结构。

第二节 组合结构的展望

组合结构在我国发展和应用的历史虽然不及欧美等发达国家的长，但它在我国的发展势头已显示出强劲的生命力和广阔的应用前景。在可以预见的未来几十年中，组合结构在大跨桥梁和高层建筑领域有望发展成为与钢结构和混凝土结构并驾齐驱的主要结构形式。21世纪的组合结构，应当在钢-混凝土组合结构已有研究和应用成果的基础上，灵活运用组合概念在广义范围内研制和创造新的结构形式，并拓展组合结构的应用范围。随着各类结构使用功能要求的提高、设计计算手段的进步以及新材料、施工新技术的应用，组合结构的发展表现出以下几个特征：

1）由组合构件向组合结构体系方向发展

现有的研究和规范多侧重于梁、柱等组合构件，以满足工程设计的基本需求为目标；从结构体系上来说比较单一，尚未形成完善的理论体系和系统的设计方法。随着组合结构的不断发展，由多种组合构件或不同结构体系组合而形成的广义概念上的组合结构体系，将能够发挥出更强的综合性能优势。

在高层与超高层结构领域，组合筒体-组合框架结构体系、巨型组合结构体系和钢-混凝土组合转换层和组合加强层结构都是值得研究和发展的方向。这几种结构体系的承重及抗侧力体系均由组合构件组成，具有钢结构和钢筋混凝土结构体系所不具有的一系列优点。

而在桥梁等大跨结构领域，组合结构也提供了更多的选择。例如，大型桥梁的上部结构可以采用钢、FRP、混凝土等材料形成的组合桥面，钢管混凝土与混凝土板形成的组合梁或波形钢腹板组合梁，斜拉桥和悬索桥还可采用钢-混凝土组合桥塔，下部结构则可以采用钢-混凝土组合桥墩和基础等。

2）新材料的应用

研发工作应侧重于不同材料之间的相互作用机理，并对组合结构在复合受力状态以及高温、疲劳等作用下的性能进行试验研究。例如在组合结构中采用薄壁钢管、高强度钢材，可以进一步大幅度降低钢材用量；采用耐高温、耐腐蚀钢材，可以提高组合结构的耐火极限和耐久性，从而降低防火费用和维护费用；采用自密实高性能混凝土，不仅可以省略混凝土振捣工序，降低混凝土施工强度和费用，而且可以减轻城市噪声污染。

3）新型组合构件的研制与创新

对已有的传统材料进行合理组合，也可以开发出更高效能的组合构件，解决传统结构形式难以解决的问题。目前，钢-混凝土组合梁、钢管混凝土柱的研究和应用都日趋成熟，未来将对组合转换层、轻型大跨组合楼盖、组合节点、组合剪力墙等新型组合构件开展更多的研究和开发工作，并将为全组合结构体系的发展奠定坚实的基础。

4）设计方法更加精细化，设计过程更加系统化

运用现代计算技术，建立组合结构的精确数值模型，跟踪结构的实际反应和表现，并通过试验数据和数值模拟结果的对比，将能够更加深入、全面掌握组合结构的实际性能。通过组合结构体系在施工阶段和正常使用阶段的受力全过程的分析和模拟，可以提高结构在整个使用寿命周期内的综合性能。

5）组合结构向地下工程、隧道、海洋工程和结构加固等领域推广发展

随着我国基础建设规模的扩大，隧道、深井、海洋平台等领域对结构性能提出了越来越高的要求。灵活运用组合结构的组合机理，可以充分发挥组合结构的优势，以解决特殊工程中的特殊问题，获得更好的综合效益。组合结构不仅能够充分发挥钢与混凝土两种材料的力学性能；当采用新型材料和新工艺后，还可以获得更好的施工性能、抗渗防水性能、抗火性能和耐久性。除了建筑及桥梁结构外，在其他领域也能够发挥显著的经济技术效益。

第二篇 施工技术篇

第一章 组合结构中钢结构施工技术

第一节 组合结构中钢构件的分类

一、组合形式分类

1. 钢管混凝土钢构件

由圆形或矩形截面钢管及内填混凝土组成，混凝土在受力过程中，钢管对混凝土的套箍作用使混凝土处于多向受压状态从而提高了混凝土的强度和延性，可以避免或延缓钢管发生局部屈曲。

2. 型钢混凝土钢构件

型钢混凝土钢构件分为埋入式和非埋入式两种：埋入式钢构件包括型钢混凝土组合梁、柱、剪力墙等；非埋入式钢构件包括钢管混凝土柱、组合楼板等，而按型钢钢构件的组成形式，分为实腹式、空腹式和格构式形式。

二、构件分类

钢-混凝土组合构件是目前应用最广泛、研究最成熟的组合结构形式，按组合结构的钢构件形式分类主要有：

1. 钢管混凝土柱

钢管混凝土是指在钢管中填充混凝土而形成，并且钢管及其核心混凝土能共同承受外荷载作用的结构构件，按截面形式不同，可分为圆钢管混凝土，方形、矩形钢管混凝土和多边形钢管混凝土等。

2. 型钢混凝土柱、梁

型钢混凝土柱、梁是指在结构构件内部设计了不同截面的型钢，通过内部型钢部分与外包钢筋混凝土部分形成一个统一的整体，可使构件承载力、刚度大大提高，因而可以大大减小了构件的截面尺寸，可增加房屋的有效使用面积。此外，型钢混凝土梁、柱具有很好的延性，适于在地震区应用。

3. 型钢混凝土墙

型钢混凝土墙是指在超高层核心筒混凝土墙体内嵌单层或双层钢板及竖向边缘构件（钢骨和竖向肋板），一般从底部开始由下至上连续设置，有效地增强了建筑结构整体抗侧刚度，改善了抗震性能。

4. 组合楼板

组合楼板是利用栓钉焊接压型金属板与结构钢梁固定，并在压型金属板上部绑扎单层钢筋网后浇筑混凝土。采用组合楼板可减少支撑和模板的使用，加快施工进度，解决了传统混凝土楼板因跨度大、楼层高引起的施工问题。

第二节　制作安装相关要求

一、加工制作

钢结构工程项目中，需要制作的常用构件形式有钢管混凝土钢构件和型钢混凝土钢构件，不同的工程项目中所用的构件形式、板材材质、截面几何参数等方面各有不同，钢管混凝土钢构件主要有垂直钢管柱、曲线柱、异形多墙体巨柱等。型钢混凝土柱钢构件主要有开口型柱和闭口型柱，型钢混凝土梁钢构件主要有带翼缘钢梁和非翼缘钢梁，钢构件前期的加工制作主要有以下工艺需要严格控制质量。

1. 钢管混凝土钢构件的加工制作

普通钢材进厂检查合格后，应放置于原材料储存场地妥善保管；钢材在切割下料前应进行抛丸或喷砂除锈处理，清除钢材表面的锈蚀、氧化皮、油污等污物，保证切割时钢材切割边缘的质量符合要求。

此外，还有一些特殊钢构件在加工制作过程中需要特外重点控制，如：巨型多墙体钢柱、曲线柱、异形多腔体巨柱等，具体加工制作详见第三章第一节。

2. 型钢混凝土钢构件的加工制作

型钢混凝土钢构件主要有柱和梁，型钢混凝土柱分为开口型柱（主要为工字形、十字形及T形）和闭口型柱（主要为口字形），型钢混凝土梁截面主要为工字形。

型钢混凝土钢构件在加工制作过程中与普通钢构件相比新增了栓钉、套筒的焊接，对焊接的要求及精度要求相对要高，在加工制作上进行混凝土钢构件采用多块翼缘构件组合，在加工制作时首先进行钢板的矫平，接着对钢板进行切割处理后进行型钢的组立，而后进行型钢的焊接和校正，最后焊接型钢混凝土构件上的栓钉，完成整个型钢混凝土钢构件的加工及制作。具体加工制作详见第三章第二节。

3. 组合楼盖结构的加工制作

组合楼盖结构主要由压型钢板组成（有开口型、闭口型和钢筋桁架楼承板），现场压型钢板的加工及制作较为简单，一般采用镀锌钢板，经辊压冷弯制作而成型后成片运输至现场。

4. 与组合结构连接的纯钢结构桁架加工制作

超高层设计与组合结构连接的纯钢结构主要纯钢柱、纯钢梁以及结构加强的环桁架、伸臂桁架等钢构件，这类钢构件有结构特异、体量大、散件多、拼装困难等特点，故在加工制作上要求相对要高。

二、预拼装

因钢构件在生产及加工过程中会出现不可避免的误差，特别是针对桁架层构件（包含组合结构和纯钢结构）的连接，为保证钢结构完成的安装精度及尺寸满足要求，现场钢构件生产前进行数字化电脑模拟预拼，生产完成后进行地面的实体预拼装。

1. 预拼装目的

工厂预拼装目的在于检验构件工厂加工精度能否保证现场拼装、安装的质量要求，确保下道工序的正常运转和安装质量达到规范、设计要求，确保现场一次拼装和吊装成功率，减少现场拼装和安装误差。

2. 预拼装要求

预拼装前，单个构件应检查合格；当同一类型构件较多时，可选择一定数量的代表性构件进行预拼装。构件可采用整体预拼装或累积连续预拼装。当采用累积连续预拼装时，两相邻单元连接的构件应分别参与两个单元的预拼装。除有特殊规定外，构件预拼装应按设计文件和现行国家标准《钢结构工程施工质量验收规范》GB 50205 的有关规定进行验收。预拼装验收时，应避开日照的影响。

3. 实体预拼装

（1）预拼装场地应平整、坚实；预拼装所用的临时支承架、支承凳或平台应经测量准确定位，并应符合工艺文件要求。重型构件预拼装所用的临时支承结构应进行结构安全验算。

（2）预拼装单元可根据场地条件、起重设备等选择合适的几何形态进行预拼装。

（3）构件应在自由状态下进行预拼装。

（4）构件预拼装应按设计图的控制尺寸定位，对有预起拱、焊接收缩等的预拼装构件，应按预起拱值或收缩量的大小对尺寸定位进行调整。

（5）采用螺栓连接的节点连接件，必要时可在预拼装定位后进行钻孔。

（6）当多层叠板采用高强度螺栓或普通螺栓连接时，宜先使用不少于螺栓孔总数10%的冲钉定位，再采用临时螺栓紧固。

（7）预拼装检查合格后，宜在构件上标注中心线、控制基准线等标记，必要时可设置定位器。

三、安装

因钢构件尺寸及自重大，构件运至现场进行安装过程中主要控制要点较多，特别是针对组合构件中的钢管混凝土构件、型钢混凝土构件、组合楼盖结构等构件涉及和土建交叉作业多，在吊装和安装过程中需严格控制整个过程。

1. 钢管混凝土构件的安装

钢管混凝土构件为钢管混凝土柱构件，安装按照先核心筒再外框架的顺序进行。内外筒施工区域吊装时从对角位置开始向两侧扩展安装，安装时要及时形成稳定空间单元，钢柱吊装完成后要及时进行测量、校正和焊接等后续工序的施工，在吊装完成后进行校正、焊接和探伤。

2. 劲性混凝土构件的安装

型钢混凝土构件主要有型钢混凝土柱、型钢混凝土梁、型钢混凝土墙等，该构件由混凝土、型钢、纵向钢筋和箍筋形成型钢混凝土组合结构。

型钢混凝土构件安装时，为了方便型钢混凝土构件吊装及校正，需在型钢混凝土构件上焊接耳板。耳板设置要求，根据型钢混凝土构件的重量设置耳板的厚度；根据型钢混凝土构件的连接位置及重心位置，确定耳板的位置。由于部分构件较大，在进行构件安装焊接过程中容易出现压缩变形、在焊接过程中由于与外界温差不同也会出现横向温度收缩变形和竖向收缩弯曲变形，可根据构件尺寸的具体尺寸适当在钢板墙上增加横向和竖向加劲板，保证构件的精度。

同时，由于型钢混凝土中的混凝土构件在安装的整个过程和钢筋绑扎、混凝土施工之间有工序的穿插，故需在施工过程中钢构和土建施工紧密配合，保证过程施工质量。

3. 组合楼盖结构的安装

组合楼盖结构主要通过压型钢板及绑扎钢筋（或钢筋桁架）后通过混凝土浇筑而成。安装首先按施工需求及作业楼层进行分区，分片吊装到施工楼层并放置稳妥，对方应成条分散，不宜放置高空过夜。

在安装过程中，定位压型钢板的位置后应立即以焊接的方式固定在结构杆件上防止因大风刮落导致事故的发生，待压型钢板固定后进行钢筋的安装，最后浇筑混凝土。

4. 与组合结构连接的纯钢结构的安装

与组合结构连接的纯钢结构主要包括环桁架、伸臂桁架等，整个安装过程包含桁架的运输、分段、拼装、分段吊装等流程

伸臂桁架的安装过程需注意临时固定核心筒及巨柱端的连接，待结构经测量复核沉降稳定后，完成后焊的永久连接。

环桁架需注意总体的安装顺序，应为先安装角部桁（先内环、后外环）、后安装边部桁架（先外环、后内环）的安装顺序。

第三节 深化设计

一、深化设计概述

钢结构深化设计包括：深化设计模型、Tekla Structures-3D 模型；专业深化设计图、加工图；节点放样；工厂和现场一级熔透焊缝的具体部位；机电留洞和补强；栓钉布置；具体部位焊缝形式详图；钢材材质及规格尺寸的详细说明；主体焊缝要求深化和说明；节点大样图；深化设计综合布置图；BIM 配合模型相关资料等。

钢结构深化设计即钢结构详图设计，在钢结构施工图设计后进行，详图设计人员根据施工图提供的构件布置、构件截面、主要节点构造及各种有关数据和技术要求，严格遵守钢结构相关设计规范和图纸的规定，对构件的构造予以完善。根据工厂制造条件、现场施工条件，并考虑运输要求、吊装能力和安装因素等，确定合理的构件单元。最后，再运用专业的钢结构深化设计制图软件，将构件的整体形式、构件中各零件的尺寸和要求，以及零件间的连接方法等，详细地表现到图纸上，以便制造和安装人员通过查看图纸，能够清楚地了解构造要求和设计意图，完成构件在工厂的加工制作和现场的组拼安装。

二、深化设计主要内容

钢结构深化设计主要内容包括：深化设计模型、Tekla Structures-3D 模型；专业深化设计图、加工图；节点放样；工厂和现场一级熔透焊缝的具体部位；机电留洞和补强；栓钉布置；具体部位焊缝形式详图；钢材材质及规格尺寸的详细说明；主体焊缝要求深化和说

明；节点大样图；深化设计综合布置图；BIM 配合模型相关资料等。

在深化设计过程中，还需结合制作、运输、安装、其他相关专业等综合因素，对构件进行分段分节，综合考虑配合加工、运输、安装等各工序的施工也属于深化设计的主要内容。

三、深化设计主要任务

钢结构在深化设计过程中结合制作、运输、安装、其他相关专业等综合因素，对构件进行分段分节，配合加工、运输、安装等各工序的正常工作需要，对工厂、运输及现场临时措施节点进行设计，对深化设计工作进行系统、有效的管理，包括进度和质量控制，满足材料采购、加工安装需要，以及审查校核深化设计图的质量是否符合设计的节点构造要求。

同时，协调处理土建、幕墙、机电等专业与钢结构之间的联系问题，确保钢结构工程的顺利进行，配合现场进行深化设计服务工作。

四、深化设计总体工作流程

钢-混凝土组合结构中钢结构深化设计流程图如图 1-1 所示。

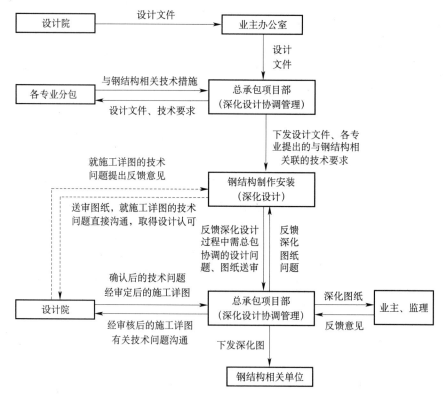

图 1-1　钢-混凝土组合结构中钢结构深化设计流程图

第二章　组合结构中混凝土结构施工技术

第一节　组合结构中混凝土的性能要求

组合结构基本包括钢管混凝土构件、型钢混凝土构件和组合楼板三大类型，每一种类型对混凝土性能的要求有共同之处，同时也有各自独特之处。混凝土在组合结构中发挥着极为重要的作用，既要保证其自身的性能，同时也要实现混凝土和钢结构的协同作用。

一、混凝土的性能需求

1. 钢管混凝土柱

钢管混凝土柱目前主要应用于高层以及超高层结构，它合理利用了混凝土自身的竖向抗压能力和钢管自身的轴向抗拉能力。同时，由于钢管内混凝土的径向变形受到钢管的约束而处于三向受力状态，使其承载能力加强，而且钢管的套箍作用可以改善混凝土的塑性性能，从而克服了高强混凝土的脆性弱点，钢管内的混凝土也同时增强了钢管管壁的稳定性，克服了钢结构因突发性火灾造成的钢材受热软化结构失稳现象。两者组合，力学性能远大于其各自的性能。

1）通用需求

钢管混凝土结构必须要保证钢管同混凝土能够共同工作，若两者发生剥离，将严重影响钢管对混凝土的约束作用，对柱的承载力构成较大影响。要求混凝土有良好的密实度和收缩性能。

2）大截面钢管混凝土柱中混凝土的性能需求

除了良好的密实度和收缩性能以外，超高层大截面钢管混凝土柱对混凝土有以下更严格的要求：

（1）低发热。目前，超高层建筑往往采用大截面钢管混凝土柱，如深圳京基100项目钢管柱混凝土柱最大截面尺寸为3900mm×2700mm，广州周大福金融中心项目钢管混凝土柱最大截面5600mm×3600mm，均属于大体积混凝土，对混凝土温度控制有严格要求。而上述巨柱均采用了C80混凝土，C80的高水化热问题成了巨柱混凝土配合比的主要矛盾。

（2）工作性好。大截面钢管内部有竖向及水平横向的隔板和密集的钢筋，这要求混凝土有大流动性和良好的抗离析性。

2. 型钢混凝土柱和型钢混凝土梁

型钢混凝土柱和型钢混凝土梁，钢筋较为密集且型钢构件存在肋板，部分梁柱节点及其他异形节点构造复杂，型钢梁翼缘下混凝土密实度难保证。因此，型钢混凝土柱和型钢混凝土梁要求混凝土具有良好的流动性。如果构件截面最小尺寸超过1m，还需控制混凝土发热量，以满足大体积混凝土的技术要求。

3. 单层钢板混凝土剪力墙

单层钢板混凝土剪力墙，由于钢板栓钉的约束，混凝土的收缩集中在墙体表面，易产生网状裂缝。因此，需要混凝土有低收缩的性能。

4. 双层钢板混凝土剪力墙

与单层钢板混凝土剪力墙相比，双层钢板混凝土剪力墙对混凝土的要求更高。该结构浇筑完混凝土后，由于内侧存在栓钉，产生了极强的混凝土约束，将混凝土的收缩全部集中于外侧，极易从墙体表面向内发展裂缝。除了因栓钉易造成混凝土开裂以外，核心筒墙体本身钢筋密度较大，而在连梁、预埋件等部位，还存在更密集的加密区域。这就对混凝土的性能提出了要求：收缩值必须小，和易性必须优秀，钢筋通过能力必须很高。由于混凝土早期抗拉强度发展缓慢，早期与配筋共同工作能力差，在强约束的墙体结构中，混凝土因早期的收缩过大，产生开裂的概率非常高。而若早期没有出现裂缝，则在混凝土强度发展起来后，通过与配筋的共同工作，产生收缩裂缝的概率则会降低。

因此，双层钢板混凝土剪力墙对混凝土有以下核心需求：

（1）高强混凝土黏度适中、流动性好，不易造成堵管；

（2）高强混凝土保塑性能好，经过高压泵送后不产生离析；

（3）高强混凝土胶凝材料掺量远大于普通混凝土，这就直接导致混凝土早期的水化反应剧烈，极易造成大体积混凝土的内外温差过高出现开裂，所以需要高强混凝土早期发热量低；

（4）厚度超过1m的混凝土剪力墙中设置双层钢板，高强混凝土由于早期水化热剧烈而产生较大的早期自收缩，由于混凝土早期自身抗拉强度尚未发展起来，在受到钢板墙中密集的栓钉、埋件、钢筋等构件极强约束的情况下，会产生大面积的龟裂。所以，需要高强混凝土收缩率小，以解决双层钢板混凝土剪力墙结构体系强约束的问题；

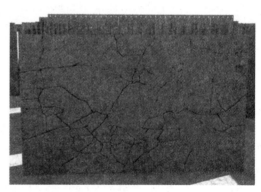

图 2-1　双层钢板混凝土剪力墙及混凝土开裂示意图

（5）由于双层钢板混凝土剪力墙的特殊结构形式，其中暗柱、连梁等节点区域钢板、栓钉、钢筋极为密集，并且高强混凝土的高黏度特性导致混凝土的浇筑振捣极为困难，所以，需要混凝土凝结速度适中、流动性好，能够很好地通过结构内密集的钢筋及钢构件；

（6）超高层施工工期紧、施工速度快，且高空临边养护困难，需要混凝土有自养护功能。

综上所述，双层钢板混凝土剪力墙对混凝土性能需求可归纳为：低发热量、低收缩、高强度、高保塑、自密实、自养护。

图 2-2　暗柱、连梁区域构件极为密集

5. 钢-混凝土组合板

钢-混凝土组合板，由于混凝土底面受到压型钢板或钢筋桁架楼承板的约束较强，板面易出现收缩裂缝；并且，由于结构施工过程中，外墙尚未施工，高层风速较高，新浇混凝土易出现干缩裂缝，这在干燥的冬季尤为明显；此外，在工期紧张的情况下，新浇的楼面需尽早上人。综上所述，钢-混凝土组合楼板混凝土应具备较低收缩率、终凝时间合适以及早期强度上升快的性能，此外，尚须符合设计及规范要求。

6. 超高层施工的需求

钢-混凝土组合结构常用于超高层建筑，因此，在超高层钢-混凝土组合结构施工中，混凝土需要满足超高泵送的需求。这要求混凝土有很好的流动性，有较大的坍落度和扩展度；并且，超高泵送往往采用高压泵，这就要求混凝土在高压下不离析；此外，一般情况下，混凝土从搅拌出厂至倒进泵机，需经历一段较长的时间，因此，混凝土还需有良好的保塑性能。

二、混凝土性能控制指标及控制方法

1. 发热性能

1）控制指标

高强混凝土发热量低，在夏季35℃气温下，入模温度小于32℃，C80混凝土在核心筒核心温度低于70℃、巨型剪力墙结构中核心温度低于80℃，避免出现温度裂缝。

2）控制方法

从配合比方面入手，以矿物掺合料替代部分水泥，降低水泥用量，降低混凝土的绝热温升，并辅以碎冰拌合的生产工艺，降低混凝土温度。此外，双层钢板混凝土剪力墙结构体系下，采用内外腔先后浇筑的施工方法，使内外腔大体积混凝土发热高峰错峰出现，有效避免厚大墙体温度裂缝产生。

2. 收缩性能、自养护性能及保塑性能

1）控制指标

收缩性能：混凝土3d早期收缩低于万分之三可以避免高强混凝土在双层钢板强约束结构施工时产生裂缝。控制指标如表2-1所示。

控制指标 表2-1

判定指标	发展时间	
	1d	3d
收缩率（/万）	≤2	≤3

自养护性能：无需浇水养护。

保塑性能：保塑时间高达3h，在数百米的密闭管道内承载20MPa的压力仍然不离析，满足多功能混凝土超高压、超远距离泵送需求。

2）控制方法

（1）试验中逐渐降低水泥和矿粉的比例，增加粉煤灰组分，控制混凝土早期收缩。采用多孔超细粉体作为自养护粉体掺入胶凝材料体系中，通过多孔超细粉体与拌合水的吸附—释放，提供内养护水源，减少高强混凝土早期水化过程的毛细孔壁张力，降低水泥在低水胶比环境下早期水化过程中产生的自收缩值。掺入微膨胀剂，在自养护剂提供充足反应水源的条件下，有效补偿混凝土的早期自收缩。

（2）掺入自养护膨胀剂，混凝土拌合时吸收水分，混凝土凝结硬化时排放水分，供混凝土中水泥水化用水。达到混凝土自养护的目的，抑制高强混凝土的自收缩，同时在混凝土凝结硬化初期还产生"微膨胀减缩效应"，补偿混凝土的早期收缩。

国际上，多用高分子吸水树脂或轻质集料做为自养护剂中水的载体。其缺点是影响混凝土的后期强度，使用多孔超细粉体作为保水剂，在达到自养护、减缩目的的同时，还起到了提高混凝土强度的作用。

（3）提高混凝土的保塑时间，是保证混凝土在经过长时间的运输和泵送后仍然能够满足现场施工条件的重要性能。目前，国内很多外加剂厂商通过复合缓凝剂的做法，减缓水泥 C_3A 和 C_4AF 的水化速度来提供有限的保塑效果。根据静电斥力效应理论，减水剂与水泥混合后吸附于水泥颗粒表面，颗粒间的静电斥力大于范德华力，颗粒分散。而随着时间的推移，颗粒间的 Zeta 电位值减低，静电斥力小于范德华力，颗粒重新聚拢，混凝土的工作性能下降。根据这一理论，利用多孔超细粉体作为载体流化剂吸附减水剂，并将减水剂在混凝土拌合后一定时间内缓慢释放（如图2-3所示），从而保持颗粒间的 Zeta 电位，使混凝土在3h内，坍落度、扩展度和倒筒时间等参数不发生变化（如图2-4所示）。

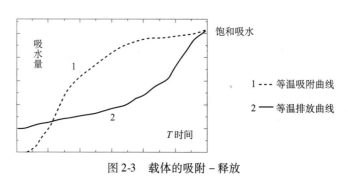

图2-3　载体的吸附－释放

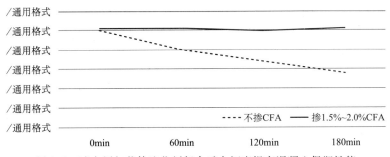

图 2-4　减水剂与载体流化剂复合后大幅度提高混凝土保塑性能

除了可实现混凝土的长久保塑时间，复合外加剂在泵送过程中表现出了优异的稳定性：载体流化剂取代了传统泵送混凝土所使用的引气剂，避免了引气剂产生的气泡在超高压力的泵送管道中破裂的问题，保持了混凝土在高压泵送中的稳定性，既可以提高混凝土的可泵性，又能够控制混凝土中的微观气泡含量，保证混凝土的强度。

3. 强度

1）控制指标

混凝土的力学性能是混凝土在建筑工程中使用的基础。随着混凝土技术的发展，在建筑工程中使用的混凝土强度也逐渐呈现出了越来越高的趋势，而且混凝土的强度越高，对建筑结构的优化作用也就越明显，适当提高混凝土的强度，能有效减少构件截面，进而增加使用面积。在钢管混凝土结构中，需要混凝土与钢结构共同受力，因此需要混凝土具有一定的强度，且对混凝土的力学性能应满足设计要求，表 2-2 是中国工程建设标准化协会标准《钢管混凝土结构技术规程》CECS 28:2012 中对混凝土的力学性能做出的规定。

混凝土力学性能一览　　　　　　　　　　　　表 2-2

混凝土强度等级		C30	C35	C40	C45	C50	C55	C60	C70	C80
轴心抗压强度	标准值 f_{ck}	20.1	23.4	26.8	29.6	32.4	35.5	38.5	44.5	50.2
	设计值 f_c	14.3	16.7	19.1	21.1	23.1	25.3	27.5	31.8	35.9
轴心抗拉强度	标准值 f_{ck}	2.01	2.20	2.39	2.51	2.64	2.74	2.85	2.99	3.11
	设计值 f_c	1.43	1.57	1.71	1.80	1.89	1.96	2.04	2.14	2.22
弹性模量 E_c（$\times 10^4$）		3.00	3.15	3.25	3.35	3.45	3.55	3.60	3.70	3.80

2）控制方法

多组分掺合料改善了胶凝材料密实性。通常水泥的平均粒径为 $20 \sim 30 \mu m$，小于 $10 \mu m$ 的粒子不足。因此，水泥粒子间的空隙填充性并不好。如果要改善胶凝材料的填充性，必须要在水泥中加入超细矿物掺合料，粗细组合能极大地改善胶凝材料的填充性能，提高所配制的混凝土强度；同时，有利于将原本被包裹于水泥颗粒间的自由水挤出，参与混凝土的拌合过程。如图 2-5 所示。

当使用的矿物掺合料越小于水泥粒子时，在一定比例的掺量下，其粒子组合会越加紧密，空隙率越减小；利用不同粒径级别的粉煤灰、超细粉煤灰、矿渣粉可以形成连续级配的粒子组合，使胶凝材料粒子间的密实性进一步提高，强度进一步增加。

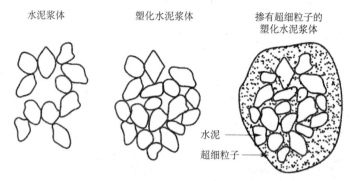

图 2-5　超细粉颗粒填充作用示意图

4. 自密实及泵送性能

1）控制指标

以广州东塔项目为例，根据试配试验过程，得出了满足东塔结构体系下，C80 混凝土在进行超高层泵送施工的预判指标。通过这些判定指标，可以在泵送前很好地判定混凝土是否满足泵送施工、是否满足双层钢板混凝土剪力墙结构的施工，极大地降低了泵送过程中因混凝土性能问题引起的一系列施工问题。具体预判指标如表 2-3 所示：

具体预判指标　　　　　　　　　　　　　　　　　　　　表 2-3

判定指标	发展时间				
内容	1h	2h	3h	4h	泵送后
坍落度（mm）	220±20	220±20	210±20	200±20	200±20
扩展度（mm）	650±30	650±30	630±30	600±30	600±30
倒筒时间（s）	<8	<8	<10	<10	<12
U形箱（mm）	≥320	≥310	≥300	≥290	≥280
保塑时间（h）	≤4				
初凝时间（h）	≥8				
终凝时间（h）	10~12				
压力泌水	0				
绝热温升（℃）	<75				

2）控制方法

（1）采用超细粉煤灰配置混凝土，可以极大地降低混凝土的黏度，降低混凝土的需水量，可确保混凝土具有优异的工作性能，满足超高层建筑的泵送要求，这一技术手段在本项目的示范下，目前在国内已经得到广泛的认识。

（2）多孔超细粉体代替混凝土中常用的甲基纤维素掺入混凝土中，能在混凝土中吸水、保水，使混凝土拌合物的黏性提高，产生"增稠效应"，对粗骨料产生"托裹效应"，稳定性提高。另外，超细粉煤灰可以降低混凝土的黏度，通过超细粉煤灰与多孔超细粉体的复配可以有效控制混凝土拌合物的黏度在一定的范围。

相对于常用的甲基纤维素等化学增稠剂，虽然增稠效果比较好，但成本高而且影响混凝土强度。我们发现利用多孔超细粉体"增稠效应"和超细粉煤灰的"滚滑、降黏效应",进行物理方式的"增稠"和"控稠",同时具有增强效果,是配制 C100 以上的超高强、自密实、高泵送混凝土的特有技术之一。

（3）采用高效减水剂

减水剂是现代混凝土技术中不可缺少的组分。水泥加水拌合后,由于水泥颗粒分子引力的作用,使水泥浆形成絮凝结构,使 10%～30% 的拌合水被包裹在水泥颗粒之中,不能参与自由流动和润滑作用,从而影响了混凝土拌合物的流动性。当加入减水剂后,由于减水剂分子能定向吸附于水泥颗粒表面,使水泥颗粒表面带有同一种电荷（通常为负电荷）,形成静电排斥作用,促使水泥颗粒相互分散,絮凝结构破坏,释放出被包裹部分水,参与流动,从而有效增加混凝土拌合物的流动性。

第二节　施工工艺

目前,在国内钢混组合结构在设计时主要分钢管混凝土和型钢混凝土两种。其中,钢管混凝土按其钢管设计又分直柱、斜柱、曲面柱、异形柱和多腔体柱;型钢混凝土按其内部型钢设计,主要分为开口型钢骨和闭口型钢骨两种,下面就以上钢管混凝土和型钢混凝土钢构件设计形式分别叙述其混凝土施工工艺。

一、钢管混凝土施工工艺

钢管混凝土是指在钢管中填充混凝土而形成钢管及其内部混凝土能共同承受外荷载作用的结构构件,增加了钢管的强度和刚度。按其钢管设计分直柱、斜柱、曲面柱、异形柱和多腔体柱等。

目前,国内相对成熟的钢管柱混凝土浇筑工艺主要有泵送顶升法、立式手工浇筑法（人工振捣）及高位抛落法（高抛自密实）等。下面就几种主要的钢管柱混凝土浇筑工艺进行叙述。

1. 高抛自密实

高抛自密实混凝土施工工艺是通过混凝土下落时产生的动能来实现其自身振实的目的。由于自密实混凝土具有很高的流动性而不离析、不泌水,可不经振捣或少振捣而自动流平,并且达到密实等特点。

高抛自密实混凝土施工作为一种先进的混凝土施工工艺,也有其一定的局限性,其局限性主要有以下几点:

（1）不太适用于倾斜角度太大的斜柱;

（2）不适用钢管内钢筋和隔板较多、较密,使混凝土不能够自由跌落的钢管柱;

（3）不适用于混凝土不能自由跌落的异形柱。

综合以上几点限制,我们可以总结出高抛自密实混凝土施工工艺最重要一点,就是需要混凝土可以自由跌落,达到自密实的效果。

1）普通钢管混凝土建筑施工

根据对高抛自密实施工工艺的局限性分析,对于一般高度钢管混凝土建筑以直柱为例,简要叙述其施工工艺流程如下:

（1）钢管柱钢管焊接完成并验收合格，如钢管柱内配置钢筋则需钢筋绑扎及验收完成；

（2）浇筑前清除管内杂物和积水，并灌入 10～20cm 厚同强度等级水泥砂浆，以湿润混凝土结合面，并且防止骨料产生弹跳离析；

（3）混凝土在搅拌站拌制完，进行混凝土坍落度扩展度、L 形仪、跳桌试验等，试验合格后运至现场再进行坍落度、扩展度及倒筒时间检测，检测合格方可通过混凝土输送泵或料斗进行混凝土浇筑；

（4）在混凝土浇筑过程中，利用测绳测量液面高度，保证混凝土抛落高度；

（5）浇筑混凝土至设计标高（一般在柱顶下 500mm 位置，以防焊接高温影响混凝土的质量），并待其扩展、密实、气泡排出稳定后，检查清除混凝土表面浮浆；

（6）浮浆清理完成后，根据所编制专项方案进行养护，盖好钢管柱上部盖板，防止杂物等落入。

注：1. 当浇筑抛落高度不足时，必须辅以人工振捣；

2. 混凝土浇筑宜连续进行，必须停歇时，停歇时间不应超过混凝土初凝时间；

3. 如钢管内部有钢筋，其限制是必须使混凝土有能够自由跌落和水平流动的空间。

2）超高层钢管混凝土建筑施工

对于超高层钢管混凝土建筑采用高抛自密实工艺施工，需要特别提出以下几点要求：

（1）泵送机械。因为超高层钢管混凝土建筑施工的混凝土泵送高度大，所以这里对混凝土泵送设备提出很高要求。一般对于 250m 以上建筑，我们就会首选 20MPa 以上的超高压泵进行混凝土泵送，其相应泵管配置也会使用高压耐磨管，避免泵送压力过大发生爆管。

（2）混凝土性能。因为超高层钢管混凝土建筑施工的混凝土泵送高度大，所以对混凝土的泵送性能也提出很高的要求，主要体现在对压力泌水、流动性、坍落度、倒筒时间等性能要求。

3）其他类型钢管混凝土建筑施工

根据对以上介绍的钢管混凝土类型中，垂直的多腔体柱也适用高抛自密实混凝土施工工艺，其施工过程中有别于普通单腔直钢管混凝土柱的是，要根据腔体内分隔板的受力性能确定每个腔内的一次浇筑高度。如果分隔板受力不允许，则需各腔分别均匀浇筑。

2. 人工振捣

钢管混凝土人工振捣浇筑施工工艺是现在最常规的浇筑施工工艺，施工工艺相对成熟，其施工工艺对直柱、斜柱、曲面柱、异形柱和多腔体柱都适用。

1）普通钢管混凝土建筑施工

对于一般高度钢管混凝土建筑人工振捣钢管混凝土施工工艺如下：

（1）钢管柱钢管焊接完成并验收合格，如钢管柱内配置钢筋则需钢筋绑扎及验收完成；

（2）浇筑前清除管内杂物和积水；

（3）根据专项方案设置串筒，保证混凝土自由跌落高度不大于 2m，防止混凝土离析；

（4）浇筑混凝土前灌入 10～20cm 厚同强度等级水泥砂浆，以湿润混凝土结合面；

（5）混凝土输送泵或料斗进行混凝土浇筑，在混凝土浇筑过程中进行分层浇筑及振捣，分层振捣厚度不宜大于 1m；

（6）浇筑混凝土至设计标高（一般在柱顶下 500mm 位置，以防焊接高温影响混凝土的质量），并振捣待其扩展、密实、气泡排出稳定后，检查清除混凝土表面浮浆；

（7）浮浆清理完成后，根据所编制专项方案进行养护，盖好钢管柱上部盖板，防止杂物等落入。

注：1. 浇筑振捣过程避免过振及漏振，对于钢管柱内隔板位置应特别关注；

2. 混凝土浇筑宜连续进行。必须停歇时，停歇时间不应超过混凝土初凝时间。

2）超高层钢管混凝土建筑施工

对于超高层钢管混凝土建筑施工，采用人工振捣施工工艺特别提出要求仍然是对泵送设备及混凝土泵送性能的要求。

3）其他类型钢管混凝土建筑施工

需要特别关注的是多腔体柱的混凝土施工，其施工过程仍要根据腔体内分隔板的受力性能确定每个腔内的一次浇筑高度。如果分隔板受力不允许，则需要各腔分别均匀浇筑。

3. 泵送顶升

钢管混凝土柱混凝土顶升施工工艺是在钢管混凝土柱底部适当位置开孔并焊接带单向阀的混凝土输送管，利用混凝土输送泵的泵送压力将自密实混凝土从钢管柱底部注入，直至顶升注满整根钢管柱的一种混凝土免振捣施工方法。此种施工工艺对于多腔体柱一般不推荐使用，因为各个腔体都需要开孔且受腔体内分隔板受力限制，可能每个腔要均匀高度浇筑，来回接管耗费时间。

1）普通钢管混凝土建筑施工

对于一般高度钢管混凝土建筑其泵送顶升施工工艺如下：

（1）钢管柱钢管焊接完成并验收合格，如钢管柱内配置钢筋则需钢筋绑扎及验收完成；

（2）浇筑前清除管内杂物和积水；

（3）制作埋入管及截止阀，并焊接于钢柱上预留顶升灌注孔上，连接泵管；

（4）润管后开始正式泵压，泵压时控制泵压入速度和压力，防止压力过大，对钢柱产生破坏，压入要连续进行；

（5）柱上端安排专人观察压入混凝土的升高，并与泵车操作人员及时联络，防止混凝土压入超量；

（6）当混凝土浆从钢柱上部检查孔溢出时，立即停止泵送，并迅速将压入装置的截止阀关闭，截止阀待混凝土终凝后方可拆除；

（7）检查清除混凝土表面浮浆。浮浆清理完成后，根据所编制专项方案进行养护，盖好钢管柱上部盖板，防止杂物等落入。

灌注口节点示意如图 2-6 所示。

2）超高层钢管混凝土建筑施工

对于超高层钢管混凝土建筑采用泵送顶升工艺施工，需要特别提出以下几点要求：

（1）泵送机械。因为超高层钢管混凝土建筑施工的混凝土泵送高度大，再加上泵送顶升施工工艺要求的顶升压力要求，对混凝土泵送设备提出很高要求。因此，采用泵送顶升工艺施工时对比其他混凝土施工工艺对泵送设备的出口压力要求更大，同时为避免泵送压

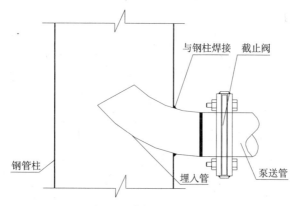

图2-6　灌注口节点示意

力过大发生爆管，其泵管必须采用高压耐磨管。

（2）混凝土性能。因为超高层钢管混凝土建筑施工的混凝土泵送高度大，再加上泵送顶升施工工艺，使泵送压力加大，对混凝土自身的压力泌水性能要求更高，同时对坍落度要求一样提出更高要求。

二、型钢混凝土施工工艺

型钢混凝土组合结构构件由混凝土、型钢、纵向钢筋和箍筋组成，基本构件为梁、墙、柱。型钢混凝土具有强度高、构件截面尺寸小、与混凝土握裹力强、节约混凝土、增加使用空间、降低工程造价、提高工程质量等优点。

根据型钢混凝土中型钢的设计，其主要分为开口型和闭口型两种。

1. 开口型型钢混凝土结构施工

开口型型钢混凝土结构主要是由其中的型钢造型定义的，根据型钢截面类型，又有工字形截面、王字形截面、十字形截面等等，因其截面没有封闭空间，混凝土可以一次性浇筑，因此其施工工艺基本相同。

1）工序安排及注意事项

（1）型钢混凝土施工工序安排

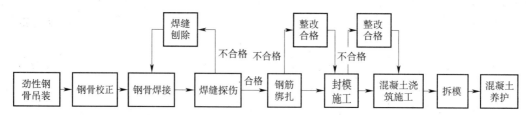

（2）注意事项

①钢板混凝土柱、梁内型钢的标高、位置和垂直度调整完毕，在型钢的加宽翼缘两边加钢夹板，用螺栓连接固定，在四个角处点焊，再校核一遍垂直度、水平等，确认无误后正式焊接。

②焊完后用氧气割去加宽翼缘板，打磨焊缝。焊缝采用小型超声波检定仪现场检定，合格后进行下道工序施工。

③型钢混凝土中因型钢柱、钢板墙或型钢梁的存在，钢筋工程在型钢混凝土节点施工尤为繁琐，存在施工难点，技术人员和施工人员要多加现场指导和交底，并及时与设计人

员沟通，采取相应措施解决实际问题。

④型钢混凝土施工前，必须进行型钢的深化设计，绘出深化设计图纸。节点设计时必须考虑到钢筋数量、规格、位置和主次梁钢筋标高，梁上下排钢筋间距等等，以便型钢开孔或设置套筒等等。

2）节点构造（钢筋与钢骨的配合）

型钢混凝土组合结构构件中的型钢为提高与混凝土的握裹力，一般会在型钢表面焊有栓钉，然后钢筋一般环型钢设置，典型钢板混凝土柱设计如图 2-7 所示：

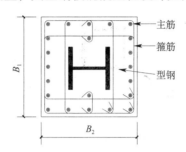

图 2-7　典型钢板混凝土柱设计

3）模板、混凝土工艺

（1）模板施工工艺：

型钢混凝土结构模板施工一般根据其截面形式确定模板工艺，如圆柱、多边形柱一般采用定型钢模、铝模施工。矩形柱、梁则一般采用普通胶合板组拼。

采用定型钢模、铝模施工时，将定型模板构件组拼即可，如截面太大，则需进行对拉螺栓加固。最后，调校完成后对拼缝缝隙过大位置封闭，即可进入模板验收程序。

如采用竹胶合板模板组拼，则必需使用对拉螺栓进行加固。同时，柱子根部留置清扫口，混凝土浇筑前清除残余垃圾。梁、柱模板的支撑采用钢管扣件，经计算后确定支撑方案。

这里特别提到的是，使用对拉螺栓时的施工方法有两种：一种采用周转形式的对拉螺杆，在型钢边缘设置，此内部型钢较小，对拉螺栓可对穿；一种采用不周转的对拉螺杆，直接把对拉螺杆焊接在型钢翼缘上，待拆模后割除。

（2）混凝土施工工艺：

型钢混凝土施工与普通框架结构基本一致，存在不同的是型钢影响混凝土浇筑，在施工时尤为注意。由于混凝土质量易受各种微小因素的影响，故从原材料选用、搅拌、振捣、养护等各环节严格控制。型钢结构混凝土的浇捣，应严格遵守混凝土的施工规范和规程，在梁柱接头处和梁型钢翼缘下部等混凝土不易充分填满处，需仔细浇捣。

4）施工注意事项

（1）型钢混凝土组合结构构件中的型钢为提高与混凝土的握裹力，一般钢筋环型钢设置，因此在型钢、钢柱节点位置钢筋绑扎时需特别注意工序的安排，有的特殊节点因钢筋布置复杂，钢筋密集，使绑扎施工无法进行时，必须提前与设计沟通，寻求解决办法。

（2）型钢柱、梁与暗柱、暗梁交接等特殊节点因钢筋密集，给混凝土的浇筑施工带来极大难度。针对钢筋间间隙太小、混凝土内石子都无法通过的特殊位置，必须与设计沟通，通过增加钢筋直径、减少钢筋根数等办法来加大钢筋间间距，确保混凝土浇筑的质量。同时，此类位置在混凝土浇筑过程中也要重点把控。

2. 闭口型型钢混凝土结构施工

闭口型型钢混凝土结构也是由其中的型钢造型定义的，根据型钢截面类型，又有口字形截面、井字形截面、日字形截面、田字形截面等等，较为常见的是口字形、井字形截面，因其截面有封闭空间，混凝土要分两次浇筑，其施工工艺基本相同，基本是先内后外。除了混凝土要分两次浇筑外，其他施工工序与开口型型钢混凝土结构施工工序基本相同。其典型平面构造如图2-8所示。典型标准流程如图2-9所示。

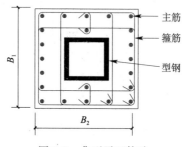

图2-8 典型平面构造

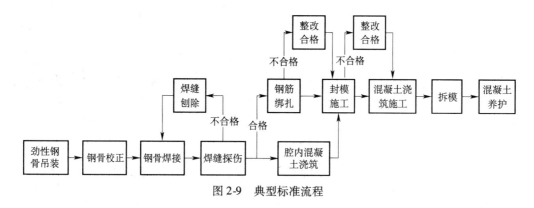

图2-9 典型标准流程

第三节 钢管混凝土柱质量检测

一、检测原理与方法

钢管混凝土质量检测一般可分为无损检测和破损检测两大类（表2-4），在实践中常常将两种办法结合使用。在钢管混凝土质量检测中，常用的无损检测办法有声/超声波法、红外热像法、脉冲雷达法和X射线等，其中目前广泛使用的为超声波法。常用的破损检测方法为钻芯取样法。下面就以常用的超声波法和钻芯取样法的工作原理进行介绍。

钢管混凝土质量检测方法 表2-4

类型	检测方法	检测内容
无损检测	超声波法 （①埋管法；②超声对测法）	①钢管混凝土内部缺陷； ②钢管壁与混凝土脱粘缺陷
有损检测	钻芯取样法	①取样区钢管核心混凝土内部缺陷； ②钢管壁与混凝土脱粘缺陷

1. 超声波检测原理及方法

1）超声波检测的原理

超声波检测钢管混凝土的基本原理是在钢管柱的一端利用发射换能器产生高频振动，经钢管柱传向钢管柱另一端的接收换能器。超声波在传播过程中遇到由各种缺陷形成的界面时就会改变传播方向和路径，其能量就会在缺陷处被衰减，造成超声波到达接收换能器的声时、幅值、频率的相对变化。

超声波检测方法主要包括：波形识别法，首波声时法以及首波频率法。

2）超声波检测方法分类分析

钢柱混凝土柱按照柱子截面及内部劲板、钢筋等的分布，主要有以下几种检测方法：

（1）外部径向对测法：

此类方法主要针对直径较小的圆钢管柱，且钢管柱内没有配筋，管壁与混凝土胶结良好。径向对测的方法如图 2-10 所示。

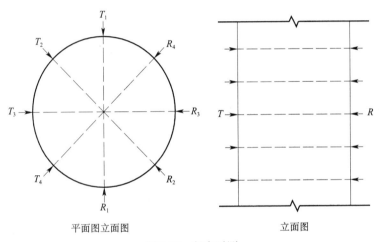

平面图立面图　　　　　　　　　　立面图

图 2-10　径向对测

布置测点时，可先测量钢管实际周长，再将圆周等分，在钢管测试部位画出若干根母线和等间距的环向线，线间距宜为 150～300mm。

检测时可先做径向对测，在钢管混凝土每一环线上保持 T、R 换能器连线通过圆心，沿环向测试，逐点读取声时、波幅和主频。

（2）埋设超声检测管测法：

此类方法适用比较广泛，如直径较大的圆钢管柱、矩形柱、异形柱、多腔体柱等等。该方法对钢管柱配筋设置有一定要求，同一组检测管必须埋设在同一钢筋笼内。检测的方法如图 2-11 所示。

检测结果与类型如表 2-5 所示。

检测结果与类型	表 2-5

类　型	结　果
声时短、幅值大、频率高	表明超声波穿过的钢管混凝土密实均匀，没有缺陷
声时长、幅值小、频率低	表明钢管混凝土中存在着缺陷，而且缺陷的位置是在有效接收声场的中心轴线上即收发换能器的连线

类　　型	结　　果
声时短、幅值小、频率低	钢管混凝土中的缺陷不在有效接收声场的中心轴线上，而是在有效接收声场覆盖的空间内，以致声线仍然通过有效接收声场的中心轴线，声时不会改变，然而有效声场空间里的缺陷使得声能受到衰减，导致幅值变小频率下降。 钢管混凝土中的缺陷虽然在有效接收声场的中心轴线上，但是缺陷足够小。 钢管混凝土本身并没有缺陷，但是由于换能器与钢管外壁耦合不良，也会造成幅值变小、频率下降而声时变化很小的现象。这种现象是在检测过程中由人为因素造成的，它不能反映钢管混凝土的真实情况，必须杜绝它的出现

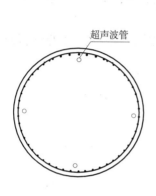

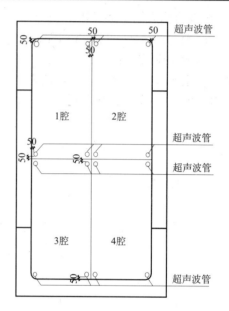

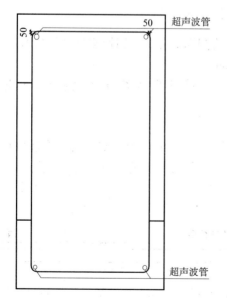

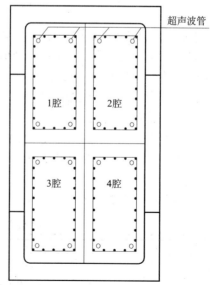

典型埋管平面布置

图 2-11　埋设超声检测管（一）

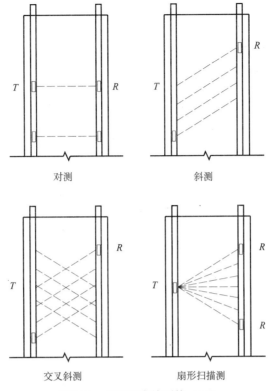

对测　　　　　　　　　　　　斜测

交叉斜测　　　　　　　　　　扇形扫描测

图 2-11　埋设超声检测管（二）

3）超声波检测数据整理分析

（1）测位混凝土声学参数的平均值 m_x 和标准差 s_x 应按下式计算：

$$m_x = \sum X_i / n$$

$$s_x = \sqrt{\left(\sum X_i^2 - n \cdot m_x^2 \right) / (n-1)}$$

式中　X_i——第 i 点的声学参数测量值；

　　　n——参与统计的测点数。

（2）异常数据可按下列方法判别：

①将测位各测点的波幅、声速或主频值由大至小按顺序分别排列，即 $X_1 \geqslant X_2 \geqslant \cdots\cdots$ $X_n \geqslant X_{n+1} \geqslant \cdots\cdots$，将排在后面明显小的数据视为可疑，再将这些可疑数据中最大的一个（假定 X_n）连同其前面的数据按上式计算出 m_x 及 s_x 值，并按下式计算异常情况的判断值（X_0）：

$$X_0 = m_x - \lambda_1 \cdot s_x$$

式中，λ_1 按《超声法检测混凝土缺陷技术规程》CECS 21: 2000 表 6.3.2 取值。

②当测位中判出异常测点时，可根据异常测点的分布情况，按下式进一步判别其相邻测点是否异常：

$$X_0 = m_x - \lambda_2 \cdot s_x \quad \text{或} \quad X_0 = m_x - \lambda_3 \cdot s_x$$

式中，λ_2 及 λ_3 按《超声法检测混凝土缺陷技术规程》CECS 21: 2000 表 6.3.2 取值。当测点布置为网格状时取 λ_2；当单排布置测点时（如在声测孔中检测）取 λ_3。

（3）当测位中某些测点的声学参数被判为异常值时，可结合异常测点的分布及波形状况确定混凝土内部存在不密实区和空洞的位置及范围。

（4）根据超声检测相关规范，根据混凝土是否存在缺陷及存在缺陷的严重程度，将其完整性分为Ⅰ、Ⅱ、Ⅲ、Ⅳ共四个类别。其中，Ⅰ类为完好；Ⅱ类为有小缺陷不用修补；Ⅲ、Ⅳ类判定不合格，存在需修补加固的缺陷。

2. 钻芯取样法原理及方法

用混凝土钻芯机，直接从所需检测的结构或构件上钻取混凝土芯样，判定核心混凝土的内部缺陷及钻芯处的钢管壁和混凝土的粘结情况。该方法具有检测结果直观、可靠的优点。但钻芯取样只能反映钻孔范围内混凝土质量，存在较大的盲区；钻芯法还存在设备庞大、费工、费时、价格昂贵的缺点。对于大直径及设有内加强环的钢管混凝土不再适用。

钻芯取样法属于有损检测。在实际工程检测中不宜用于大批量检测。钻芯法作为对无损检测结果的验证手段，与无损检测办法联合检测是十分有效的。

1）钻芯取样要求

（1）芯样试件，其直径应为 100mm，且不宜小于骨料最大粒径的三倍；也可采用小直径的芯样试件，但其直径应为 70～75mm，且不得小于骨料最大粒径的两倍。

（2）钻芯验证所需混凝土标准芯样试件 4～8 个，取芯要避免钢管隔板位置。钻芯的构件或结构的局部应有配合试验检测方法的测区，当配合使用的检测方法为无损检测方法时，钻芯位置应与该方法的某些测区重合；当为有损检测方法时，钻芯位置应布置在该方法测区的附近。

2）钻取芯样相关设备要求

（1）钻取芯样的主要设备、仪器、均应具有产品合格证。

（2）钻芯机应具有足够的刚度、操作灵活、固定和移动方便，并应有水冷却系统。

（3）钻取芯样时宜采用金刚石或人造金刚石薄壁钻头。钻头胎体不得有肉眼可见得裂缝、缺边、少角、倾斜及喇叭口变形。钻头胎体对钢体的同心偏差不得大于 0.3mm，钻头的径向跳动不大于 1.5mm。

（4）锯切芯样时使用的锯切机和磨芯样，应具有冷却系统和牢固夹紧芯样的装置；配套使用的人造金刚石圆锯片应有足够的刚度。

（5）芯样宜采用补平装置（或研磨机）进行芯样端面加工。补平装置除应保证芯样的端面平整外，尚应保证芯样端面与芯样轴线垂直。

（6）探测钢筋位置的磁感仪，应适用于现场操作，最大探测深度不应小于 60mm，探测位置偏差不宜大于 ±5mm。

3）钻芯取样流程

（1）采用钻芯法检测结构混凝土强度前，宜具备下列资料：

①工程名称（或代号）及设计、施工、建设单位名称；

②结构或构件种类、外形尺寸及数量；

③设计采用的混凝土强度等级；

④成型日期，原材料（水泥品种、粗骨料粒径等）和试块抗压强度试验报告；

⑤结构或构件质量状况和施工中存在问题的记录；

⑥有关的结构设计图和施工图等。

（2）芯样应有结构或构件的下列部位钻取：

①结构或构件受力较小的部位；

②混凝土强度质量具有代表性的部位；

③便于钻芯机安放与操作的部位；

④避开主筋、预埋件和管线的位置，并尽量避开其他钢筋；

⑤用钻芯法和其他方法综合测定强度时，钻芯部位应有该方法的测区或在其测区附近。

（3）钻芯机就位并安放平稳后，应将钻芯机固定，固定的方法应根据钻芯机构造和施工现场的具体情况，分别采用顶杆支撑、配重、真空吸附或膨胀螺栓等方法。

（4）钻芯机在未安装钻头前，应先通电检查主轴线，应调整到与被取芯的混凝土表面相垂直。

（5）钻芯时用于冷却钻头和排除混凝土碎屑的冷却水的流量，宜为 3～5L/min，出口水的温度不宜超过 30℃。

（6）从钻孔中取出的芯样在稍微晾干后，应标上清晰的标记。若所取芯样的高度及质量不能满足规程的加工要求，则应重新钻取芯样。

（7）芯样在运送前应仔细包装，避免损坏。

（8）构或构件钻芯后所留的孔洞应及时进行修补。

（9）工作完毕后，应及时对钻芯机和芯样加工设备进行维修保样。

二、现状与问题

目前，钢管混凝土柱广泛使用，但仍存在较多问题需要解决，归纳主要有以下几点：

（1）钢管混凝土柱外包钢管影响了质检人员对其混凝土施工质量的直观认识，虽然已有相应的检测方法，但受制于检测范围，不能全面地反映其内部混凝土的施工质量；

（2）超声检测方法中钢管柱内钢筋、隔板等对检测结果的影响较大，检测结果准确度难以保证；

（3）钢管混凝土柱内部混凝土因其材料特性，混凝土收缩控制是难点；

（4）钢管混凝土柱一旦检测出其内部混凝土质量出现问题，加固修补难度大。

三、研究方向

针对目前钢管混凝土柱在广泛使用中存在的问题，目前业内主要做以下研究：

（1）研究新的钢管混凝土柱检测方法，使检测受限和检测成本降至最低，同时提高检测精度，使其能全面地反映其内部混凝土的施工质量；

（2）钢管混凝土柱内部混凝土研究，目前国内在此研究内容上有很多成果，如在混凝土中加入微膨胀材料和配置低收缩高强混凝土等；

（3）钢管混凝土柱质量缺陷加固修补研究，目前国内在外部加固方面方法较多，但大多都增加了钢管柱截面，影响较大。内加固方法目前仍多为注浆加固，加固方法及加固材料仍有较大研究空间。

如今，钢管混凝土因其高承载力、良好延性、方便施工和其经济效应，被广泛应用，虽然在应用过程中还存在一定的问题，但在现有的施工、检测、加固技术上都可以得到解决，相信在未来的建筑施工领域会有更为广泛的使用。

第三章　组合构件施工

第一节　钢管混凝土构件

钢管混凝土是指在钢管中填充混凝土而形成，并且钢管及其核心混凝土能共同承受外荷载作用的结构构件。按截面形式不同，可分为圆钢管混凝土，方形、矩形钢管混凝土和多边形钢管混凝土等。

一、钢管构件加工制作

1. 垂直钢管柱

1) 小截面垂直钢管柱

(1) 箱形钢柱加工流程：

箱形钢柱加工流程如图3-1所示。

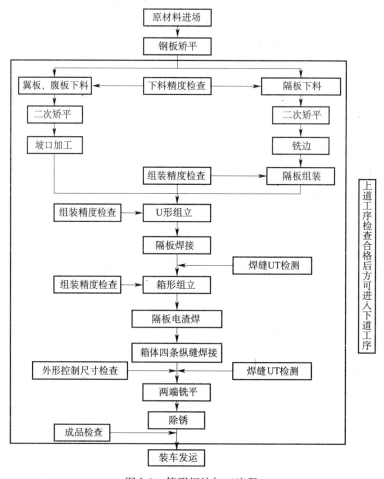

图3-1　箱形钢柱加工流程

（2）箱形钢柱加工工艺：

箱形钢柱加工工艺图如图 3-2 所示。

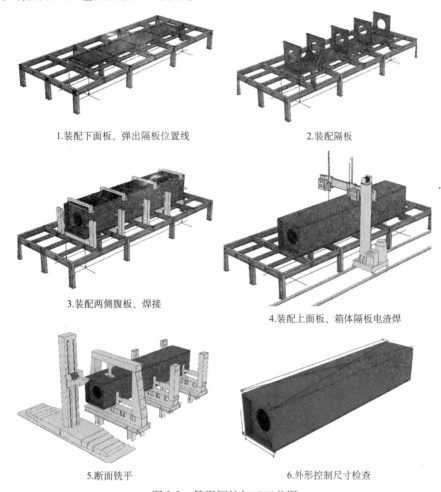

1.装配下面板、弹出隔板位置线

2.装配隔板

3.装配两侧腹板、焊接

4.装配上面板、箱体隔板电渣焊

5.断面铣平

6.外形控制尺寸检查

图 3-2　箱形钢柱加工工艺图

（3）箱形钢柱加工工艺注意事项：

①下料：下料前对钢板矫平，切割时进行多块板同时下料，以防止零件切割后产生侧弯。切割前将钢板表面的铁锈、油污等杂物清除干净，以保证切割质量。切割后应将切割面上的氧化皮、流渣清除干净，然后转入下道工序，切割公差和质量应满足相关规定要求。

②装配下面板：将箱体下翼缘板吊至胎架，从下端坡口处（包含预留现场对接的间隙）开始画线，按每个隔板收缩 0.5mm、主焊缝收缩 3mm 均匀分摊到每个间距，然后画隔板组装线的位置，隔板中心线延长到两侧并在两侧的翼板厚度方向中心打上样冲点。

③装配隔板：组装时必须保证隔板的垂直度以及电渣焊衬垫板与下面板的间隙，先装中间两块隔板，装好后即行焊接，然后依次向两侧装焊。

④装配两侧腹板：在部分焊透的区域每 1.5mm 处设置一块工艺隔板。隔板定位合格后，组装腹板，组装时将腹板与翼缘板下端对齐，用千斤顶和夹具将腹板与下翼缘板和隔板顶紧靠牢。腹板定位合格后安装腹板与面板全熔透焊缝的焊接衬垫板。箱体 U 形组立后交专人检测，合格后进行隔板和腹板的焊接，隔板与腹板焊接坡口形式为单面 V 形坡口，

焊接采用 CO_2 气体保护焊进行，焊后对焊缝进行探伤检测。

⑤装配上面板：组装时用外力将上面板与腹板及隔板顶紧靠牢，然后进行点焊固定，上面板组装后交专人检测，合格后进行电渣焊。为保证电渣焊焊接过程稳定和电渣焊焊接质量，应使设备调整、引弧造渣、正常焊接及焊缝收尾等关键环节连续完成，中间不宜中断。

⑥端面铣平：箱体检测合格后进行端铣，未经检测、矫正合格的箱体不得进行端铣，端铣时箱体应卡紧、固定，避免加工时发生窜动，并且保证箱体端面与刀盘平行。

2）大尺寸截面垂直钢柱

大截面尺寸钢柱的加工制作与小截面钢柱有所不同，巨型钢柱一般采用多腔体加劲组成田字形巨柱，如广州东塔塔楼外框巨型钢柱的截面特征如图 3-3 所示。

田字形巨型钢柱制作方案如图 3-4 所示。

（1）田字形巨型钢柱制作方案：

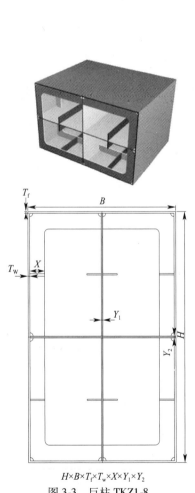

$H \times B \times T_f \times T_w \times X \times Y_1 \times Y_2$

图 3-3　巨柱 TKZ1-8

（截面规格为 $3000 \times 2100/1500 \times 20 \times 20 \times 300 \times 20 \times 300 \sim 5600 \times 3500 \times 40 \times 40 \times 350 \times 40 \times 40$）

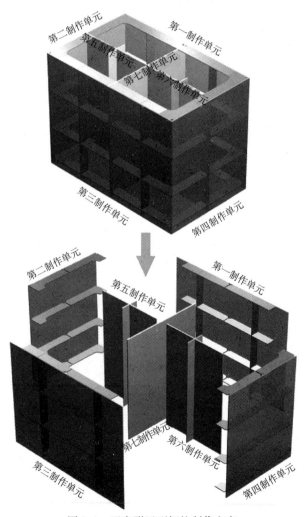

图 3-4　田字形巨型钢柱制作方案

（2）田字形巨型钢柱制作流程：

田字形巨型钢柱制作流程如图 3-5 所示。

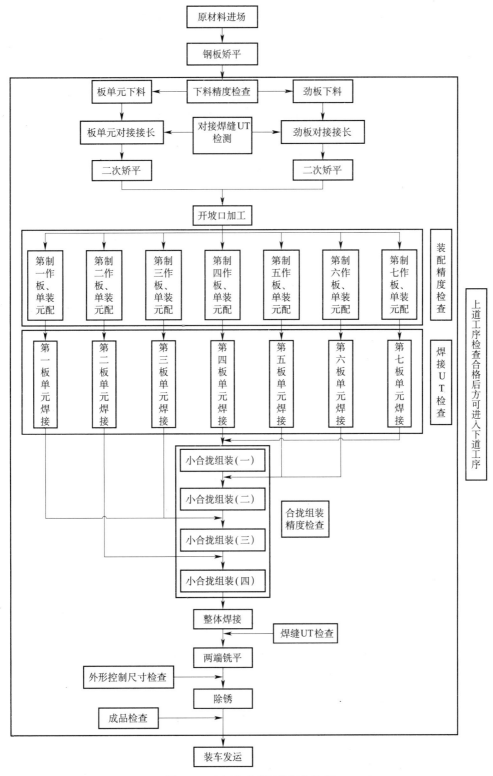

图 3-5　田字形巨型钢柱制作流程

（3）田字形巨型钢柱制作工艺和方法：
见图3-6。

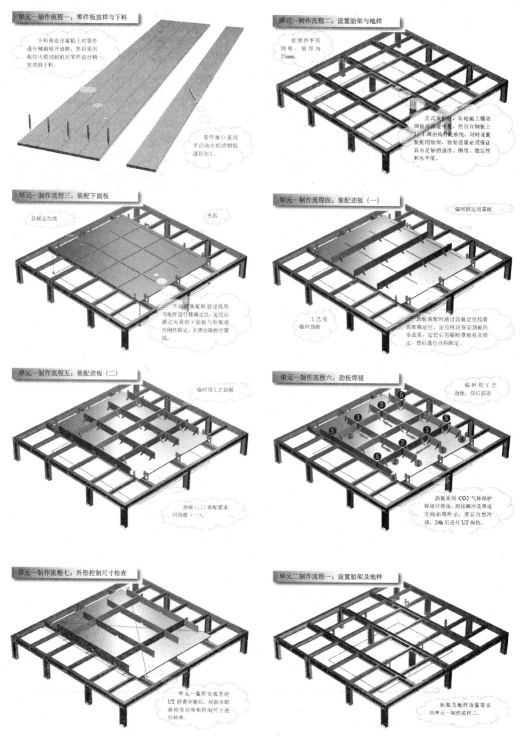

图3-6　多腔田字形巨柱制作工艺方法（一）

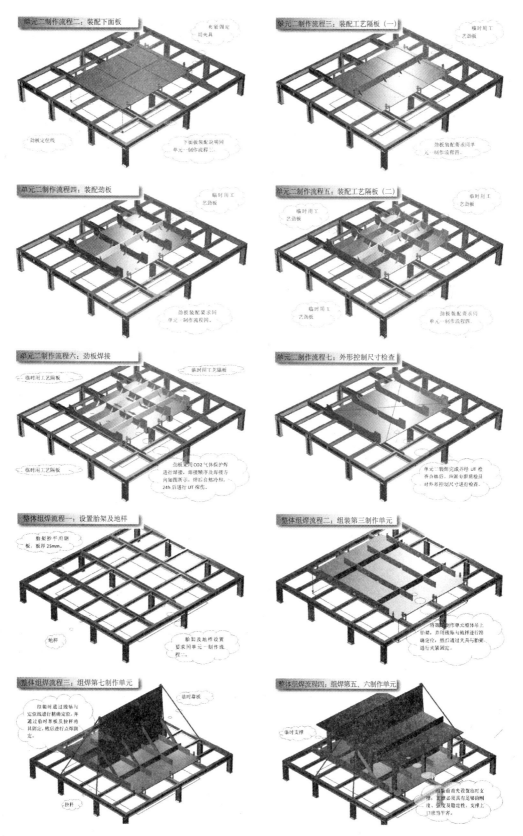

图3-6　多腔田字形巨柱制作工艺方法（二）

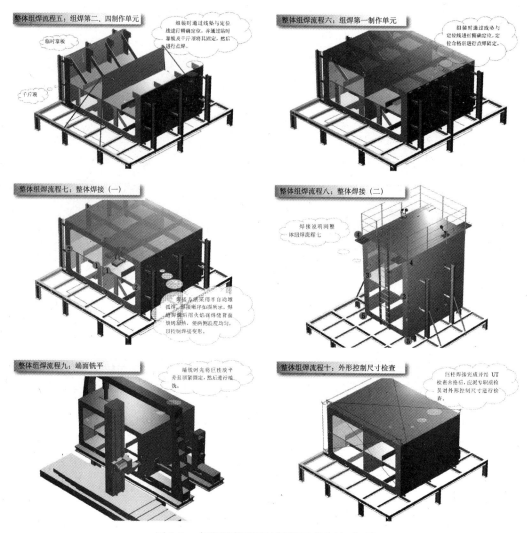

图3-6　多腔田字形巨柱制作工艺方法（三）

2. 曲线柱

曲线柱加工工艺流程如下：

（1）下料：

钢板下料前按照设计或工艺要求进行表面预处理，钢板预处理后进行整体矫平，以确保下料精度，同时消减钢板内部残余应力。切割前应对切割机进行调试，确定割嘴型号，检查气压是否稳定；切割时应先对钢板切割缝进行预热，并严格控制切割速度。钢板下料后进行零件二次矫平，以确保装配精度，同时消减钢板内部残余应力。

（2）弯板：

弯板加工采用卷板机卷制成形方法，靠轮控制壁板作弧状运动，调节上下辊间距可控制卷制半径。如图3-7所示。

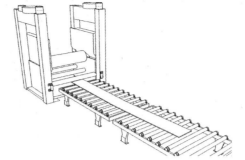

壁板整体切割示意图   卷板机卷制成形加工示意图

图 3-7 弯板加工

（3）制作拼装流程：

制作拼装流程如图 3-8 所示。

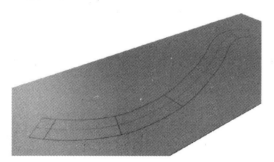

制作流程一：在拼装平台上将曲线梁的外形几何尺寸按1:1的比例放样

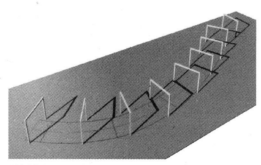

制作流程二：沿着地样线均匀布置胎架，并检测胎架顶端标高，确保胎架顶端处于同一水平高度

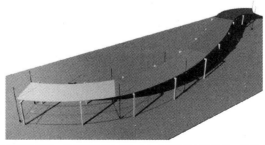

制作流程三：利用地样线和吊线坠将第一块腹板放置在胎架上，为了降低材料损耗，腹板采用分段下料，如下图所示

图 3-8 制作拼装流程（一）

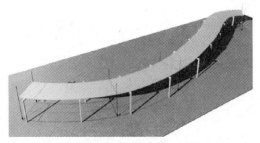

制作流程四：利用地样线及吊坠将加劲板的位置线画好

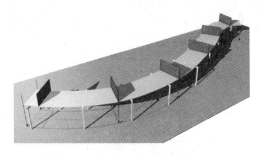

制作流程五：装配加劲板，装配时注意保证加劲板的垂直度，并点焊牢固

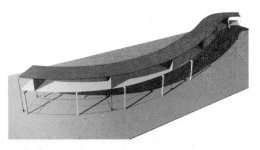

制作流程六：利用地样线及吊坠装配第二块腹板，并将其与加劲板点焊牢固

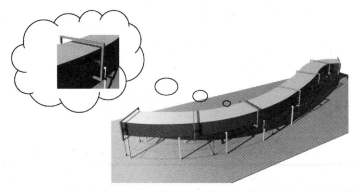

制作流程七：利用压力架及千斤顶装配第一块翼缘板，并焊接加劲板三条焊缝

图 3-8　制作拼装流程（二）

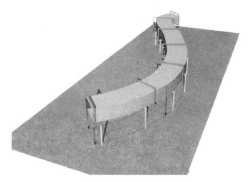

制作流程八：利用同样的方法装配第二块翼缘板，并采用电渣焊焊接第四条加劲板焊缝，
最后采用半自动埋弧焊机完成箱体主焊缝的焊接

图 3-8 制作拼装流程（三）

3. 异形多腔体巨柱

异形多腔体巨柱节点的加工制作，由于其界面尺寸大，且腔体内部结构复杂，工厂在构件下料加工前与现场安装沟通确定制作思路。一般采取分层分段制作，各单元制作完成运至现场由现场拼焊，下面以天津 117 项目的异形多腔体巨柱节点为例，详细阐述典型异形多腔体巨柱的制作工艺。如图 3-9 所示。

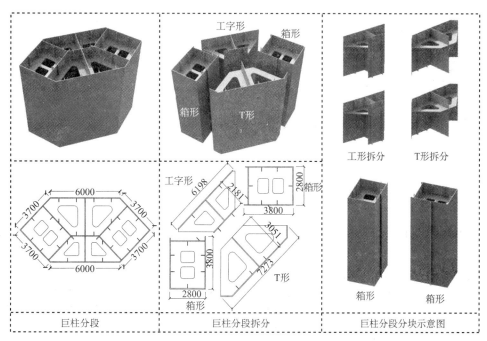

图 3-9 标准层巨柱分段以及单元拆分示意图

巨柱各单元制作流程示意如下：

巨柱制作以"先小拼装后整体组装"的思路进行，具体流程如表 3-1 ~ 表 3 ~ 4 所示。

工字形单元制作流程

表 3-1

1. 准备胎架，胎架要求具有足够的刚性和水平的工作基准面	2. 就位底板，在底板上放样，放样经检查无误后进入下一步工序	3. 定位中间隔板，隔板垂直底板，对称焊接固定
	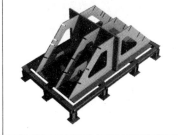	
4. 依照地样就位横隔板，组焊横隔板，确保横隔板的位置关系	5. 依照底样，组焊肋板	6. 就位上部翼板，固定焊接，最后翻身满焊

7. 依照放样，组焊顶部肋板	8. 组焊吊耳、连接板，焊接栓钉等	

T 形单元制作流程

表 3-2

		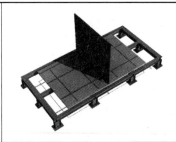
1. 胎架就位，胎架要求具有足够的刚性和水平的工作基准面。放样，经过检测后进入下一步工序	2. 定位底板，底板上放样，放样经过检测后进入下一步工序	3. 依照地样，就位中间隔板，隔板垂直于底板，固定焊接

续表

	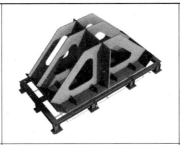	
4. 依照地样，就位横隔板，焊接横隔板	5. 依照底样，组焊肋板	6. 焊接吊耳、连接板，焊接栓钉。整体检测

标准层箱体单元制作流程		表 3-3

1. 胎架就位，胎架要求具有足够的刚性和水平的工作基准面。放样，经过检测后进入下一步工序	2. 吊线坠定位底板	3. 底板上放样，放样经过检测后进入下一步工序

4. 装配结构板、底板竖向加劲板	5. 装配左、右侧壁板及顶板、箱体内竖向加劲板，进行箱体主焊缝焊接	6. 焊接吊耳、连接板，焊接栓钉。整体检测

桁架层箱体单元（典型一）制作流程		表 3-4

1. 胎架就位，根据构件投影尺寸在平台面上画出底板外形轮廓线，组装胎架需具备足够的刚度和强度	2. 在底板上画线装配壁板 2 - 1、2 - 2，隔板 3，装配时注意其之间的开挡尺寸，定位正确后点焊牢固	3. 优先将中间层壁板变截面处进行对接焊，探伤合格后画线进行组装

续表

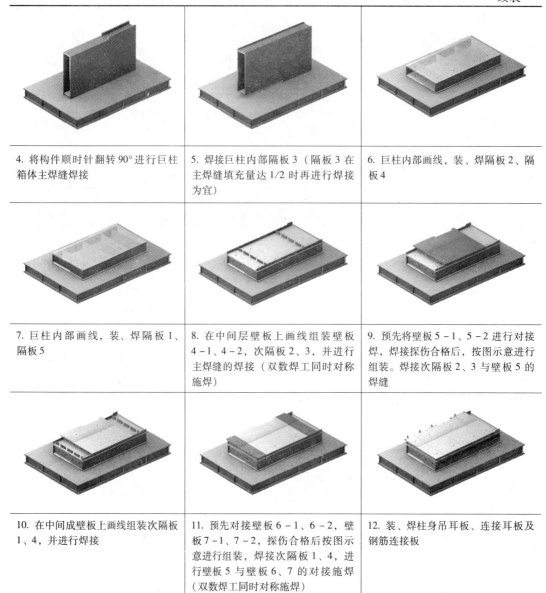

4. 将构件顺时针翻转90°进行巨柱箱体主焊缝焊接	5. 焊接巨柱内部隔板3（隔板3在主焊缝填充量达1/2时再进行焊接为宜）	6. 巨柱内部画线，装、焊隔板2、隔板4
7. 巨柱内部画线，装、焊隔板1、隔板5	8. 在中间层壁板上画线组装壁板4-1、4-2，次隔板2、3，并进行主焊缝的焊接（双数焊工同时对称施焊）	9. 预先将壁板5-1、5-2进行对接焊，焊接探伤合格后，按图示意进行组装。焊接次隔板2、3与壁板5的焊缝
10. 在中间成壁板上画线组装次隔板1、4，并进行焊接	11. 预先对接壁板6-1、6-2，壁板7-1、7-2，探伤合格后按图示意进行组装，焊接次隔板1、4，进行壁板5与壁板6、7的对接施焊（双数焊工同时对称施焊）	12. 装、焊柱身吊耳板、连接耳板及钢筋连接板

二、施工配合构造措施

钢管混凝土作为典型组合结构，配合设计及施工要求，在深化设计阶段需布置配合构造措施。总体可分为——满足设计要求、满足施工要求。

考虑到设计要求方面：

1. 钢管与管内混凝土界面的抗剪连接件

钢管混凝土组合构件设计要求外包钢管与腔内混凝土协同受力，而混凝土浇筑完成发生自收缩后易与钢管侧壁剥离，形成缝隙，无法满足协同作用的要求。

根据《钢管混凝土结构设计与施工规范》CECS 28：2012第6.5.3条，焊接于钢管壁内表面的抗剪连接件可采用环形隔板、钢筋环、内衬管段或栓钉。

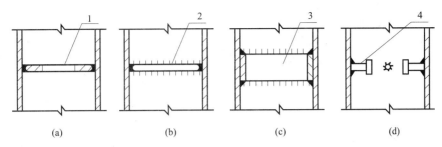

图 6.5.3 焊接于钢管内壁的抗剪连接件

1—环形隔板；2—钢筋环；3—内衬管段；4—栓钉

2. 钢筋混凝土梁（板）与钢管混凝土柱连接

钢筋混凝土梁与钢管混凝土柱连接时，钢管外剪力传递可采用环形牛腿、抗剪环或者承重销；钢筋混凝土无梁楼板或井式密肋楼板与钢管混凝土柱连接时，钢管外剪力传递可采用台锥式环形深牛腿。

环形牛腿构造示意图如图 3-10 所示。

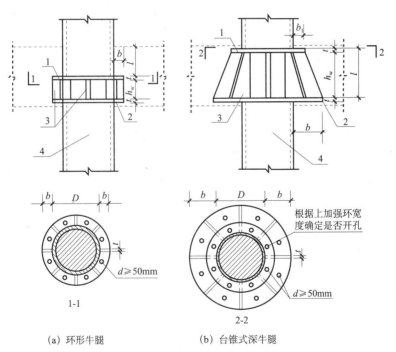

(a) 环形牛腿　　　　　(b) 台锥式深牛腿

图 3-10 环形牛腿构造示意图

1—上加强环；2—下加强环；3—腹板（肋板）；4—钢管混凝土柱

抗剪环构造示意图如图 3-11 所示。

承重销构造示意图如图 3-12 所示。

钢筋混凝土梁与钢管混凝土柱的管外弯矩传递可采用井式双梁、环梁、穿筋单梁和变宽度梁。

井式双梁构造示意图如图 3-13 所示。

钢筋混凝土环梁构造示意图如图 3-14 所示。

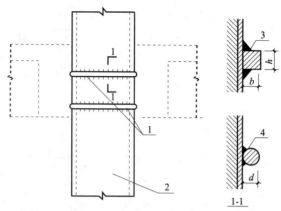

图 3-11　抗剪环构造示意图

1—抗剪环；2—钢管混凝土柱；3—带钢；4—圆钢

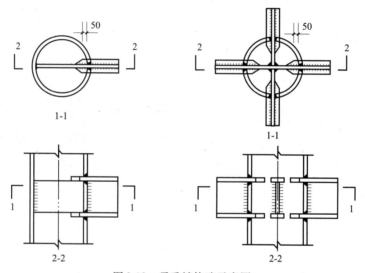

图 3-12　承重销构造示意图

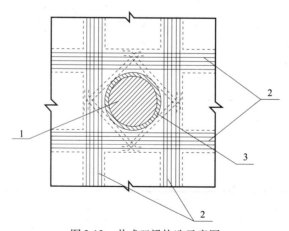

图 3-13　井式双梁构造示意图

1—钢管混凝土柱；2—双梁纵筋；3—附加架角筋

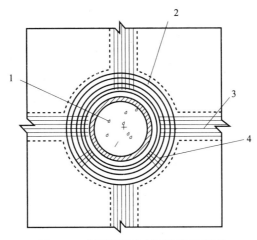

图 3-14　钢筋混凝土环梁构造示意图

1—钢管混凝土柱；2—主梁环筋；3—框架梁纵筋；4—环梁箍筋

穿筋单梁构造示意图如图 3-15 所示。

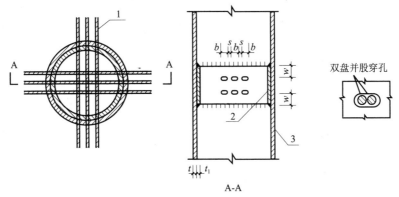

A-A

图 3-15　穿筋单梁构造示意图

1—双钢筋；2—内衬管段；3—柱钢管

变宽度梁构造示意图如图 3-16 所示。

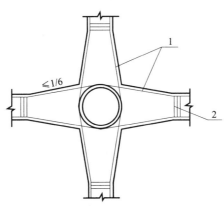

图 3-16　变宽度梁构造示意图

1—框架梁纵筋；2—附加箍筋

3. 钢管柱柱脚构造

钢管混凝土柱的柱脚一般分为端承式和埋入式。其中,端承式可由柱脚板、加劲肋和锚筋等构成。柱脚构造示意图如图3-17所示。

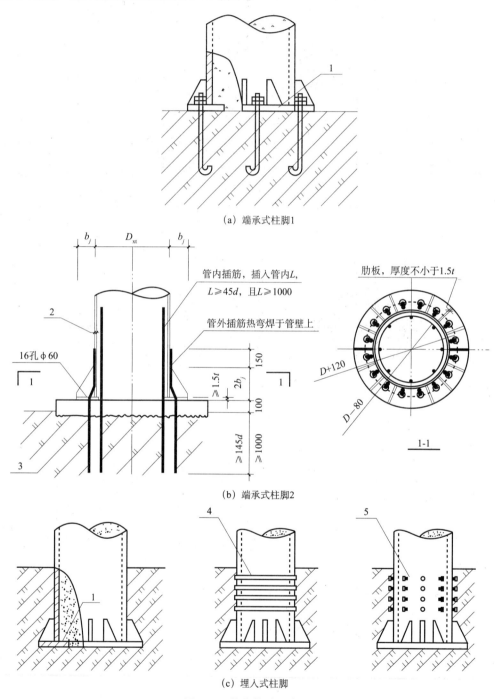

（a）端承式柱脚1

管内插筋,插入管内L,
$L \geqslant 45d$,且$L \geqslant 1000$

管外插筋热弯焊于管壁上

肋板,厚度不小于1.5t

b_j　　D_{xt}　　b_j

16孔φ60

$\geqslant 1.5t$

$2b_j$

150

100

$\geqslant 145d$
$\geqslant 1000$

$D+120$

$D-80$

1-1

（b）端承式柱脚2

（c）埋入式柱脚

图3-17　柱脚构造示意图

1—柱脚板；2—钢管壁厚；3—基础承台；4—贴焊钢筋环；5—平头栓钉

柱脚板构造示意图如图 3-18 所示。

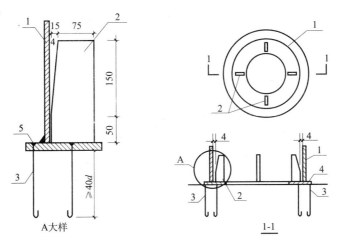

图 3-18 柱脚板构造示意图

1—钢管柱；2—定位板 $t=16$；3—锚筋；4—柱脚板；5—塞焊

1）巨柱柱脚构件安装

目前，钢柱较广泛地应用于钢结构工程建筑，而首节钢柱的安装必须借助于柱脚埋件措施，才能使首节钢柱与土建混凝土稳固连接。柱脚埋件的使用对大尺寸截面钢柱的安装尤为重要。下面以广州东塔钢结构项目地下室的外筒矩形钢柱为例，柱脚与现场竖向钢筋关系平面如图 3-19 所示。

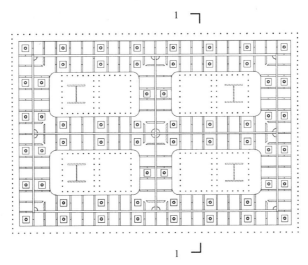

图 3-19 柱脚与现场竖向钢筋关系平面

矩形钢柱吊装前，须将外侧钢筋向远离柱脚的方向弯斜，使钢筋与水平方向夹角小于 80°，并于锚栓位置钢筋向两侧弯斜，预留操作人员拧锚栓螺母的作业空间。

柱脚空腔内侧竖直钢筋，吊装前须将钢筋向钢筋笼内侧弯斜，使钢筋与水平方向夹角小于 85°，并用麻绳将钢筋上端捆扎成捆，钢筋处理示意如图 3-20 所示。

清除柱脚范围内的杂物，摘除锚栓封套，用钢刷清理锚栓表面浮锈，检查锚栓螺纹是

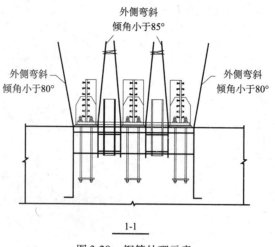

图 3-20　钢筋处理示意

否有变形。

2）柱脚二次浇筑灌浆

为保证钢管柱柱脚与混凝土界面紧密贴合，可采取二次浇筑处理。在柱脚锚栓固定完后进行一次浇筑预埋柱脚措施，一般一次浇筑标高设置在柱底标高下 100mm 处。在钢柱吊装前，应先检查复核轴线位置、高低偏差、平整度、标高；然后，弹出十字中心线和引测标高，并必须取得基础验收的合格资料。测量柱基标高及螺栓的伸出长度，并将预埋螺栓清理干净，调整柱底螺母，以预控标高；然后，将柱脚吊装至锚栓上方，并各自对准锚栓孔与锚栓位置，调整好构件的水平坐标，使构件上的轴线与地面十字线对齐。

钢柱柱底标高引测示意图如图 3-21 所示。

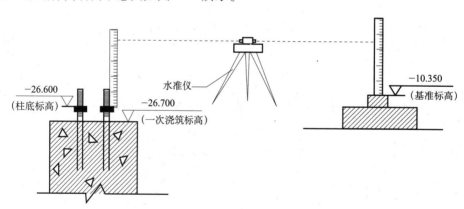

图 3-21　钢柱柱底标高引测示意图

当柱脚校正完成后，拧紧双螺母固定，移交土建进行柱脚二次灌浆。灌浆施工重点控制项：

（1）灌浆机灌浆时，先将导管插入离基础板流出端 30cm 处，而后将经搅拌的灌浆料投入料斗注入，同时一边确认流出状态，一边依次移出注入导管；

（2）灌浆过程中，应在灌浆机内不断补充灌浆料以避免机内材料中断，应以徐徐投入为宜；

（3）灌浆料注入必须是从一个方向注入，因为灌浆过程即是排除内部空气过程，注入方向宜保证最小的灌浆距离；

（4）灌浆料搅拌完成后应在 30min 内注入基础，否则灌浆的塑性膨胀和流动性会无法满足要求，严禁将已经失去流动性的灌浆料重新加水搅拌使用；

（5）如基础过宽，应使用软钢带或塑料条等作为辅助流动引导条，帮助灌浆料向固定方向流动，绝对禁止采用机械振动器振捣增加灌浆料的流动性，否则将导致灌浆料严重离析泌水；

（6）搅拌现场距离灌浆现场尽量保持足够近，长距离运输也将导致搅拌好的灌浆料流动性变差。

4. 钢管柱分段及混凝土施工缝

钢管柱的分段与常规钢构件分段相同，要考虑塔式起重机吊重、道路运输、现场焊接条件等。从结构设计角度，钢管分段标高处应与楼面标高、混凝土浇筑施工缝标高合理错开，避免形成柱薄弱截面。综合上述考虑，一般钢管柱分段标高高出楼面标高 1.0 ~ 1.3m，混凝土浇筑施工缝标高宜控制在钢管口以下 0.5 ~ 0.6m 处。

混凝土施工缝标高位置需布置混凝土养护水泄水孔，在混凝土浇筑完成前堵上，终凝后可注入清水养护，水深不宜少于 200mm，下次混凝土浇筑前打开泄水孔，排尽养护水。混凝土施工缝示意如图 3-22 所示。

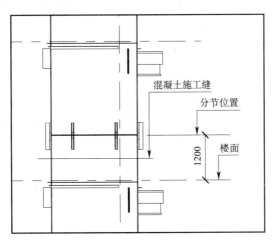

图 3-22　混凝土施工缝示意

5. 钢管混凝土柱内横隔板

钢管混凝土构件内混凝土是直接浇筑在闭口截面钢构件内的，闭口截面常见的包括圆形截面、矩形截面、其他多边形截面及多腔多边形截面。当截面为非圆形且钢板厚度较小时，需对其侧壁进行混凝土浇筑侧压力作用下承载力及变形验算。侧壁钢板平面外刚度不足时，可适当地加密以上提及的环形横隔板，布置竖向加劲板，不但能增加钢管与混凝土的共同作用，也能达到提高柱面外刚度的效果。

钢筋混凝土柱内横隔板如图 3-23 所示。

6. 钢管柱吊装耳板及临时定位措施

钢结构深化阶段，根据吊装分段，构件需布置吊装耳板与临时固定马板，吊装耳板与

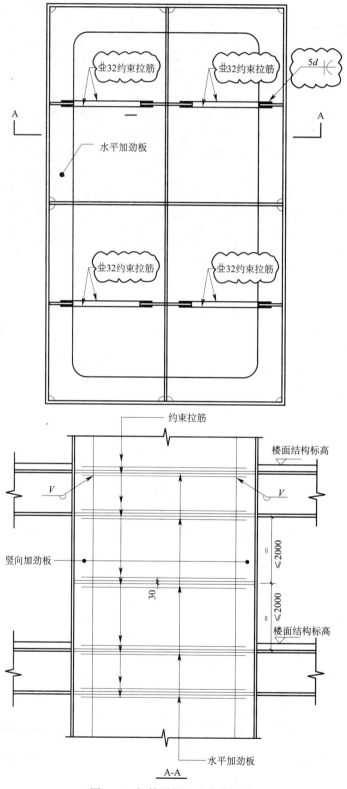

图 3-23　钢管混凝土柱内横隔板

固定马板可统一设计、节约材料，如图 3-24 所示。

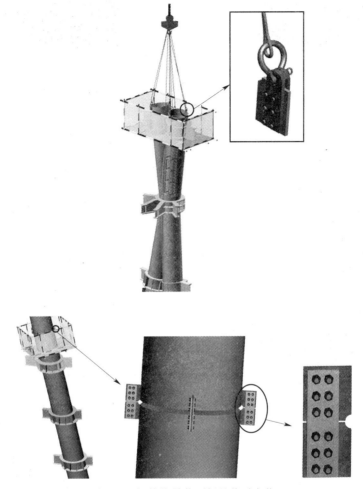

图 3-24　钢管柱吊装耳板及临时定位

7. 钢管柱安装、焊接操作平台

钢管柱在吊装前应提前装好爬梯、防坠器（图 3-25）、操作平台（图 3-26）等措施，减小在吊运安装至高空结构上后进行上述措施安装的风险。

8. 超声波检测声管预留、预埋措施

为对钢管混凝土柱进行腔内混凝土超声波检测，需在钢管混凝土腔内埋设超声波管。要求超声波管为内外壁干净、光滑，无锈、无漆的全新钢管。自检测位置向上连通延伸至现场实施混凝土超声波监测当天新浇筑混凝土面以上（超声波检测一般在被检测段混凝土浇筑完成后第 28 天）。

超声波管的布置如下：

应根据检测目标灵活布置预埋超声波管的位置，遵循相邻超声波管间避让钢管混凝土柱腔内可能存在的隔板、钢筋、栓钉等障碍物，保证被检测范围混凝土材料连续、无间断的原则。

例如，图 3-27 的布置方式即可测得上部相邻钢管间的混凝土情况，而被栓钉、钢筋

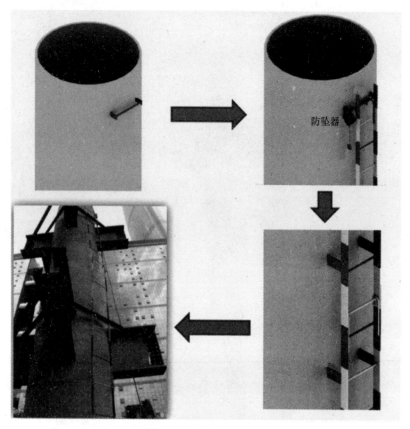

防坠器

图 3-25　爬梯、防坠器

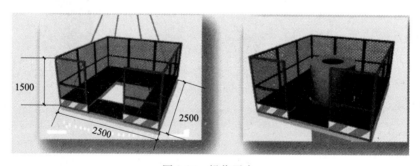

图 3-26　操作平台

挡住的路径，其检测结果易受干扰，可信度低。

如检测目标是箍筋范围内的混凝土情况，可按图 3-28 进行超声波管布置。

为避免布置好的超声波管在混凝土浇筑过程中移位，可将其与附近钢筋或者钢板点焊固定。

三、工序穿插

1. 混凝土梁板与钢管混凝土柱施工工序

钢管柱完成安装、焊接→梁板支模、钢筋绑扎→梁板及钢管混凝土浇筑、养护→吊装钢管柱。

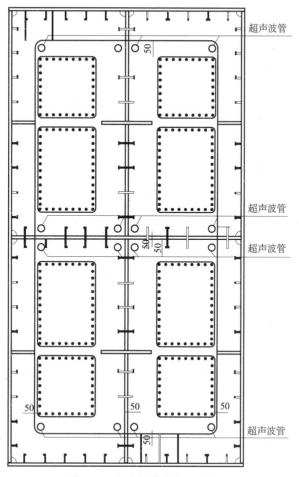

图 3-27　超声波管的布置方式一

一般采用接泵管方式进行混凝土浇筑，钢管柱分段宜一层一段，过长的分段造成混凝土浇筑跌落高度过大，易离析，影响混凝土施工质量。

2. 组合楼板与钢管混凝土柱施工序

钢管柱安装、焊接→钢梁安装、焊接→钢管柱腔内混凝土浇筑、养护。

通过安装钢梁可以实现对钢管柱的固定稳固，钢梁、钢管混凝土柱的施工速度不再受制于楼板混凝土浇筑的影响，可领先楼板混凝土浇筑层较多楼层。

因楼板未施工按水平泵管组织钢管柱腔内混凝土较困难，一般采用布料机进行腔内混凝土浇筑，布料机布置在最高一层安装完成的结构钢梁上。在采取措施保障混凝土浇筑正常跌落、不离析的条件下，可以实现钢管柱多层一分段，充分利用起重设备的吊重，减少现场焊缝长度。

3. 大截面钢管混凝土结构的工序穿插

超高层大截面钢管柱因截面较大，腔内往往有柱纵筋需要绑扎，其施工工序因此稍有不同。

钢柱吊装→钢柱焊接（含探伤）→钢梁安装、焊接→腔内柱钢筋绑扎（含验收）→腔内混凝土浇筑（含养护）。

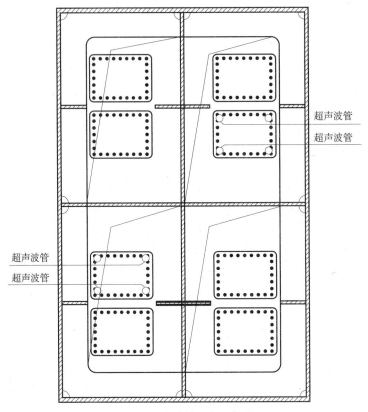

超声波管

超声波管

超声波管

超声波管

图 3-28 超声波管的布置方式二

第二节 型钢混凝土构件

一、型钢混凝土构件加工制作

型钢混凝土组合结构构件由混凝土、型钢、纵向钢筋和箍筋组成,基本构件为梁和柱。常见有型钢梁外包混凝土组合梁、型钢柱外包混凝土组合柱、核心筒混凝土剪力结构内含型钢钢板墙等等。型钢混凝土组成结构分为全部结构构件采用型钢混凝土的结构和部分结构构件采用型钢混凝土的结构。型钢混凝土具有强度高、构件截面尺寸小、与混凝土握裹力强、节约混凝土、增加使用空间、降低工程造价、提高工程质量等优点。

工程中常见的型钢混凝土构件有型钢混凝土柱、型钢混凝土剪力墙及型钢混凝土梁,具体型钢混凝土构件加工制作如下;

1. 型钢混凝土柱

分为开口型型钢混凝土柱和闭口型型钢混凝土柱。

开口型型钢混凝土柱包括工字形、十字形及 T 形,如图 3-29 所示。

图 3-29　开口型型钢混凝土柱

闭口型型钢混凝土柱包括有口字形，如图 3-30 所示。

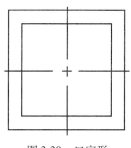

图 3-30　口字形

型钢混凝土柱钢板厚度不宜小于 6mm，其钢板宽厚比应满足表 3-5 的要求。

钢板宽厚比　　　　　　　　　　　　　　　　　　　　表 3-5

钢材	型钢混凝土柱	
	b/f	h/t
Q235	<23	<96
Q345	<19	<81

型钢柱加工制作时，首先将型钢自动组立机上将腹板和其中一块翼缘板组装成⊥型，然后再将⊥与另一块翼缘板组装，具体组立图如图 3-31 所示。

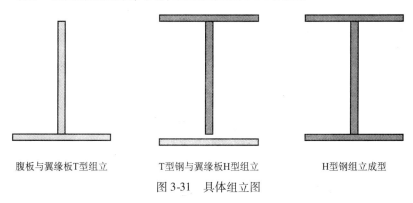

腹板与翼缘板T型组立　　　T型钢与翼缘板H型组立　　　H型钢组立成型

图 3-31　具体组立图

型钢混凝土柱（工字形柱）加工制作流程如下：

1）下料切割

切割下料前应用矫平机对钢板进行矫平，切割设备主要采用火焰多头直条切割机。切割时进行多块板同时下料，以防止零件切割后产生侧弯。如图 3-32 所示。

图 3-32　工厂切割下料

2）型钢组立

型钢在组立前标出翼板中心线与腹板定位线，同时检查翼缘板、腹板编号、材质、尺寸、数量的正确性，合格后方可进行组立。型钢自动组立机上组立时，先进行翼缘板与腹板的 T 型组立，并进行定位焊接。如图 3-33 所示。

图 3-33　工厂内型钢组立

3）型钢焊接

型钢组立合格后，吊入龙门式自动埋弧焊接机上进行焊接。如图 3-34 所示。

图 3-34　型钢焊接

4）焊接型钢校正

型钢焊接完成后应进行矫正，其中焊接角变形采用火焰烘烤或用 H 型钢翼缘矫正机进行机械矫正，矫正后的钢材表面不应有明显的划痕或损伤，划痕深度不得大于 0.5mm。弯曲、扭曲变形采用火焰矫正，矫正温度控制在 800～900℃，且不得有过烧现象。如图 3-35 所示。

图 3-35 工厂内钢构件校正

5）型钢栓钉焊接

型钢柱校正完成后，开始进行栓钉焊接施工。

2. 型钢混凝土剪力墙

分为单钢板剪力墙和双钢板剪力墙（图 3-36）。

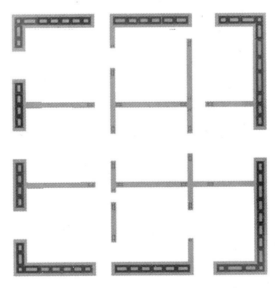

图 3-36 双钢板剪力墙示意图（东塔为例）

单钢板剪力墙与双钢板剪力墙单构件工厂加工制作方法同型钢柱制作方法，具体制作流程如图 3-37 所示。

钢板墙由于外形尺寸较大，安装精度要求高，为控制工厂制作及工艺检验数据等误差，保证构件的安装空间位置，减小现场安装产生的积累误差，必须进行必要的工厂预拼

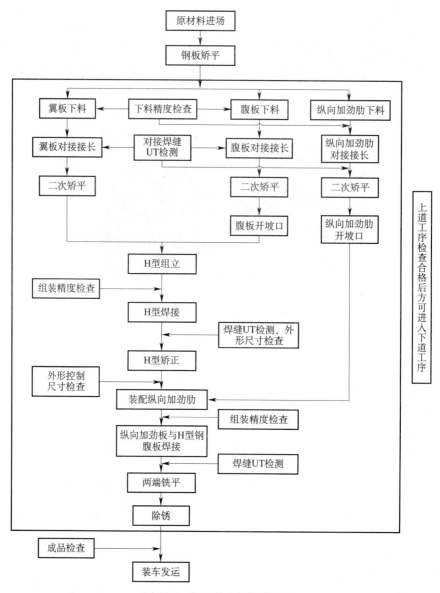

图 3-37　钢板剪力墙制作流程

装，以通过实样检验预拼装各部件的制作精度，修整构件部位的界面，复核构件各类标记。如图 3-38 所示。

　　钢板剪力墙厂内预拼装采用"2+1"渐进式预拼装方法，即首先将三（2+1）节连续钢板墙进行整体预拼，检查合格后将前两节钢板墙移走，留下与下一预拼环节相连的一节，并将其移至第一榀胎架；然后，将后续两节吊至胎架进行下一环节的预拼。这种预拼装方法的优点在于既保证了预拼装精度要求，又不占用大面积的预拼装场地，整个环节只有三榀胎架，预拼装节奏快且预拼装措施少，具体流程如图

图 3-38　L 形双层进行钢板剪力墙

3-39所示。

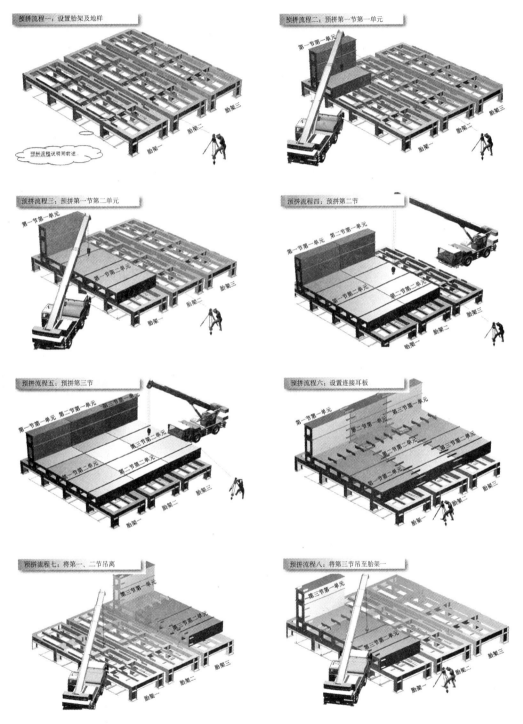

图 3-39　预拼装流程（一）

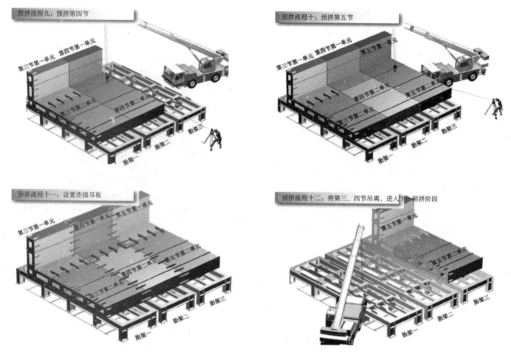

图 3-39　预拼装流程（二）

3. 型钢混凝土梁

分为带翼缘钢梁和非翼缘钢梁。

型钢混凝土梁板厚不宜小于 6mm，其钢板宽厚比需符合表 3-6 的要求。

钢板宽厚比　　　　　　　　　　　　　　　　　　表 3-6

钢号	梁	
	b/f	h/t
Q235	<23	<107
Q345	<19	<91

带翼缘钢梁加工制作方法同工字形型钢混凝土柱制作方法，非翼缘钢梁工厂加工制作流程如下：

钢板校正→钢板下料→钢梁制作→二次校正→钢梁栓钉。

二、施工配合构造措施

1. 型钢混凝土结构安装过程构造措施

1）构件分段

综合考虑型钢混凝土构件的运输、塔式起重机吊重范围、塔式起重机爬升步距、型钢构件长细比要求及现场施工时与钢筋绑扎穿插施工，在保证工期的情况下，将型钢构件进行分段运输及安装。

现场钢筋下料及混凝土浇筑施工时，尽量使钢筋下料长度低于钢构件分段处 500mm，混凝土浇筑面低于钢构件分段处 1200mm，这样可以使现场型钢构件焊接与钢筋绑扎及混凝土浇筑进行穿插施工，保证现场施工工期。

　　型钢构件吊运及安装时，为了方便型钢构件吊装及校正，需在型钢构件上焊接耳板，耳板设置要求，根据型钢构件的重量，设置耳板的厚度，根据型钢构件的连接位置及重心位置，确定耳板的位置。如图 3-40 所示。

图 3-40　劲性构件耳板示意图

　　2）型钢构件栓钉设置

　　对于超高层建筑而言，型钢混凝土构件是很常见的，型钢构件与混凝土之间的连接力却很难保证。为此，在型钢混凝土构件深化设计时增加栓钉，使型钢构件与混凝土的接触面增大，增加了型钢构件与混凝土之间的握裹力，使型钢构件与混凝土之间更好地连接。栓钉的具体力学性能如表 3-7 所示。

栓钉的具体力学性能 表 3-7

钢号	屈服强度 f_y'	抗拉强度 f_t'
Q235	≥240	≥400

　　型钢构件中栓钉主要承担抗剪作用，抗剪栓钉设计要求：栓钉直径规格宜选用 19mm 和 22mm，其长度不宜小于 4 倍栓钉直径，栓钉间距不宜小于 6 倍栓钉直径。结构过渡层设置栓钉，栓钉直径不应小于 19mm，栓钉的水平及竖向间距不宜大于 200mm，栓钉至型钢钢板边缘距离不宜小于 50mm。

　　3）单层钢板墙防焊接变形措施

　　在超高层建筑中，单层钢板墙由于长细比过大常常会出现压缩变形、结构沉降变形及运输过程中的变形、在焊接过程中由于与外界温差不同也会出现横向温度收缩变形和竖向收缩弯曲变形、焊接后型钢构件的平面围绕轴线发生角位移变形及构件发生超出构件表面的失稳变形等，若出现以上变形将直接影响结构的垂直度和外观质量，为了使型钢构件的形状和尺寸满足要求，必须将型钢构件进行校正、修正、焊缝刨除重新焊接，甚至将型钢构件报废重做。

为了防止单层钢板墙出现以上变形，在钢板墙深化设计时根据型钢构件变形量的大小，在钢板墙上增加横向和竖向加劲板，增加钢板墙的平面刚度，使钢板墙不出现变形。如图 3-41 所示。

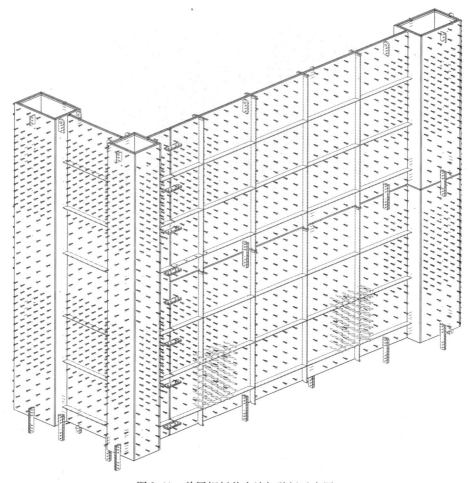

图 3-41 单层钢板剪力墙加劲板示意图

2. 劲性结构与土建搭接构造措施

1）结构钢筋连接器

结构梁或柱钢筋绑扎时，在结构梁或柱与型钢构件连接节点位置，由于梁或柱钢筋直径过大，钢筋过密，导致钢筋锚固不能满足要求，故在型钢构件上焊接可焊性套筒，通过可焊性套筒将钢筋与型钢构件连接。

2）钢模板限位连接器

对于一般柱、墙钢模板采用对拉螺杆进行对拉限位，但对于型钢混凝土构件由于型钢构件在墙、柱中间，钢模板采用对拉螺杆将无法满足要求，故型钢构件在加工厂加工制作时，将可焊性套筒焊接在型钢构件上，对拉螺杆通过可焊性套筒对钢模板进行加固限位。如图 3-42 所示。

3）型钢构件穿筋孔

墙、柱、梁钢筋绑扎过程中，常常会出现墙、柱、梁钢筋与型钢构件冲突的现象，导

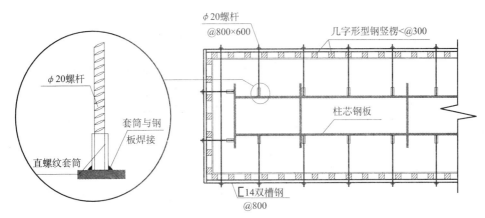

图 3-42 钢模板限位连接器示意图

致钢筋无法穿过型钢构件。为了避免现场钢筋绑扎过程中出现此类情况，型钢构件加工制作时，若钢筋与型钢构件冲突的位置为非受力位置，则现场根据钢筋的位置进行深化，深化型钢构件非受力位置的开孔定位，深化后将深化图纸发至加工厂进行型钢构件穿孔预留，型钢构件开孔时要求截面损失率小于腹板面积25%。当型钢构件（柱）翼缘上预留贯穿孔时，宜按柱端最不利组合的 M、N 验算预留孔截面的承载力，不满足要求应进行补强。型钢构件非受力位置开孔如图3-43所示。

图 3-43 型钢构件非受力位置开孔示意图

若钢筋与型钢构件冲突位置为受力位置，则根据钢筋的直径及间距进行钢筋套筒深化，深化型钢构件受力位置套筒的直径及定位，深化后将深化图纸发至加工厂进行型钢构件与套筒焊接施工，焊接要求：

（1）不得有气孔、夹渣、裂纹、弧坑、焊瘤等，发现缺陷应及时补焊；

（2）焊缝外形应均匀、饱满、过渡平滑，在焊缝任意25mm长度范围内，焊缝表面高低差值不得大于2mm；

（3）焊角尺寸应符合规定，其偏差为 0～3mm。

型钢构件可焊性套筒如图 3-44 所示。

图 3-44　劲性构件可焊性套筒示意图

3. 型钢构件增设钢筋连接板

对于楼板钢筋及小直径的梁钢筋与型钢构件冲突时，在型钢构件钢筋位置增设连接板，现场钢筋断开，将钢筋焊接在连接板上。连接板布置要求：连接板标高同钢筋标高，连接板位置仅在需钢筋连接的位置增加，连接板厚度不宜小于 12mm。如图 3-45 所示。

图 3-45　型钢构件上增设连接板

4. 型钢梁与型钢柱或混凝土柱连接措施

1）型钢梁与型钢柱连接措施

型钢梁与型钢柱连接时，其柱内型钢与钢梁之间采用刚性连接，且梁内型钢翼缘与柱内型钢翼缘采用全熔透连接；梁腹板与柱宜采用摩擦型高强度螺栓连接；悬臂梁段与柱采用全焊接连接。如图 3-46 所示。

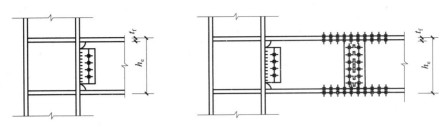

图 3-46　型钢梁与型钢柱连接示意图

2）型钢柱、梁与混凝土柱连接措施

型钢柱与混凝土柱连接时，采用型钢梁伸入柱内，且应采取可靠的支撑和锚固措施，保证型钢混凝土梁端承受的内力向柱中传递。

型钢梁与混凝土柱连接时，首先将型钢梁定位安装，由于混凝土柱未浇筑混凝土，故钢梁两端无支点，此时应考虑将钢梁两端增加临时定位措施，如在结构位置增加临时支撑或在施工机械上增加临时吊杆进行定位安装。

5. 型钢混凝土柱与钢结构柱连接构造措施

从设计计算上确定某层柱可由型钢混凝土柱改为钢柱时，下部型钢混凝土柱应向上延伸一层作为过渡层，过渡层中的型钢应按上部钢结构设计要求的截面配置，且向下一层延伸至梁下部至两倍柱型钢截面高度为止。

结构过渡层至过渡层以下两倍柱型钢截面高度范围内，应设置栓钉。栓钉的水平及竖向间距不宜大于200mm；栓钉至型钢钢板边缘距离大于50mm，箍筋沿柱应全高加密。

十字形柱与箱形柱相连处，十字形柱腹板宜伸入箱形柱内，其伸入长度不宜小于柱型钢柱截面高度。型钢混凝土柱与钢结构柱连接构造如图3-47所示。

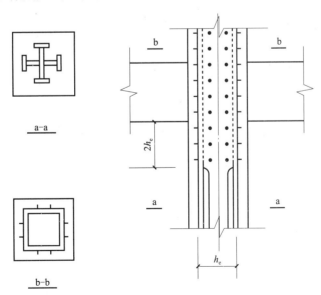

图 3-47　型钢混凝土柱与钢结构柱连接构造示意图

6. 型钢混凝土结构与施工大型设备构造措施

这里主要讲述塔式起重机、顶模等施工设备埋件。

71

塔式起重机及顶模采用内爬式施工，故在竖向墙体施工时，需在竖向墙体内增设塔式起重机及顶模牛腿埋件，埋件锚筋与型钢构件连接有两种方式；即锚筋穿型钢构件和锚筋与型钢构件塞焊。

根据塔式起重机、顶模系统及竖向墙的受力情况，进行塔式起重机牛腿埋件设计。牛腿埋件设计时，为了保证塔式起重机及顶模牛腿埋件与型钢构件更好的连接，采用将埋件锚筋穿过型钢构件，使塔式起重机及顶模牛腿埋件的受力更好。同时，根据顶模及塔式起重机爬升步距，对塔式起重机及顶模牛腿埋件进行每一次爬升定位深化，深化完成后由加工厂进行加工及焊接。埋件加工时，首先将型钢构件开孔，然后将埋件锚筋穿过孔洞，最后将埋件板与锚筋进行开孔塞焊，塞焊要求锚筋直径 A18mm 以下采用贴角 T 形焊，锚筋直径 A20～A25 采用穿孔 T 形。如图 3-48 所示。

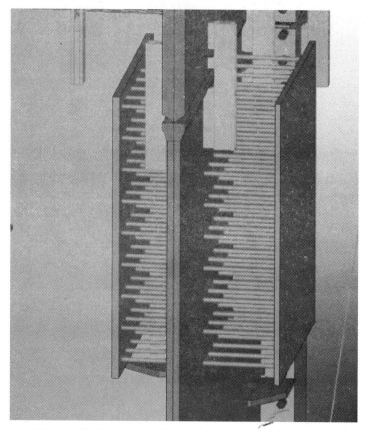

图 3-48 塔式起重机及顶模牛腿埋件锚筋穿型钢构件示意图

三、工序穿插

1. 型钢混凝土柱施工

闭口型劲性钢柱施工流程如图 3-49 所示。

注：为了保证现场施工进度，在型钢混凝土柱外围钢筋绑扎及模板封模时，开始进行型钢混凝土柱腔内混凝土的浇筑施工，使各工序间形成流水穿插施工，待型钢混凝土柱腔内混凝土浇筑完成后，此时型钢混凝土钢柱钢筋绑扎及模板封模完成，开始进行外围混凝土浇筑。

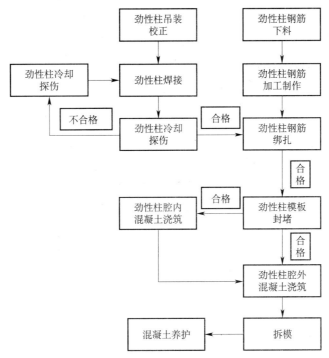

图 3-49　闭口型型钢混凝土柱施工流程

开口型劲性钢柱施工流程如图 3-50 所示。

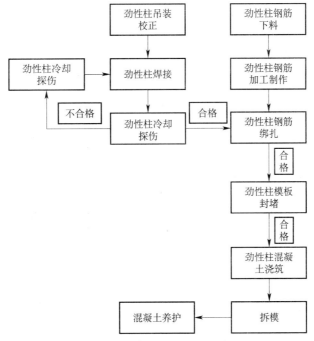

图 3-50　开口型型钢混凝土钢柱施工流程

2. 型钢混凝土剪力墙施工

双层钢板墙施工流程如图 3-51 所示。

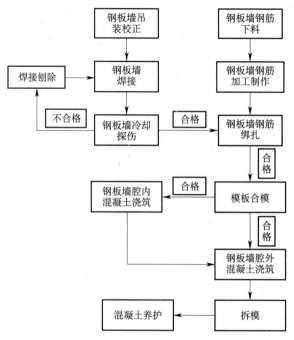

图 3-51 双层钢板墙施工流程

注：为了保证现场施工进度，在双层钢板剪力墙腔外钢筋绑扎及模板封模时，开始进行双层钢板剪力墙腔内混凝土的浇筑施工，使各工序间形成流水穿插施工，待钢板墙腔内混凝土浇筑完成后，此时钢板墙腔外钢筋绑扎及模板封模完成，开始进行钢板剪力墙腔外混凝土浇筑。

单层钢板墙施工流程如图 3-52 所示。

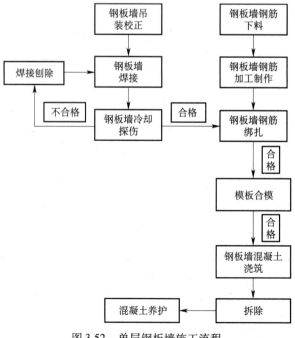

图 3-52 单层钢板墙施工流程

3. 型钢混凝土梁施工

型钢混凝土梁施工流程如图 3-53 所示。

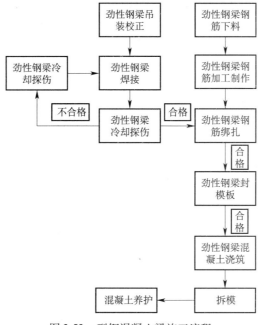

图 3-53　型钢混凝土梁施工流程

第三节　组合楼板结构

一、组合楼板配置

1. 混凝土组合楼承板系统

混凝土组合楼承板是充分利用钢材和混凝土材料及结构特点联合成为一个整体共同发挥作用的结构形式。楼承板作为楼盖永久支撑的同时，还可替代部分底筋，作为楼板受力体系的组成部分。楼承板通常采用镀锌钢板经辊压冷弯制作而成。常见的楼承板有如图 3-54 所示的几种形式。

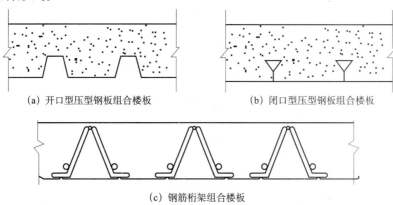

(a) 开口型压型钢板组合楼板　　　　(b) 闭口型压型钢板组合楼板

(c) 钢筋桁架组合楼板

图 3-54　混凝土组合楼承板形式

2. 压型钢板

压型钢板具有自重轻、强度高、防腐性能好、抗震强及造型美观新颖等特点。采用压型钢板作为支撑板，可同时多层施工，加快施工进度，提高文明施工水平。压型钢板可分为开口型压型钢板及闭（缩）口型压型钢板。

1）开口型压型钢板

开口型压型钢板的特点为板下口呈开放式。其优点为工厂加工过程简易、快捷，现场施工方便，能很好地适应复杂形状的楼板。同时，闭口型压型钢板端头及两翼容易搭接，能有效地减少漏浆。开口型压型钢板组合楼板如图 3-55 所示。

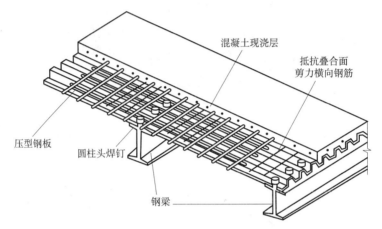

图 3-55　开口型压型钢板组合楼板

YX75 – 240 – 900 型压型钢板如图 3-56 所示。

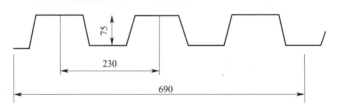

图 3-56　YX75 – 240 – 900 型压型钢板（例）

开口型压型钢板实物图如图 3-57 所示。

图 3-57　开口型压型钢板实物图

2) 闭口型压型钢板

闭口型压型钢板是一种更为先进的复合楼承板系统，试验证明比开口型压型钢板具有更强的承载力。其闭口肋型的特殊设计，让楼承板的板肋完全被混凝土裹护，从而能最大限度地发挥钢与混凝土各自的特性。由于其板肋被包裹在混凝土里，其防火性能也得到提高。板底肋形成的卡槽可为顶棚、吊顶、水电管等悬吊系统安装使用。闭口型压型钢板如图 3-58 所示。

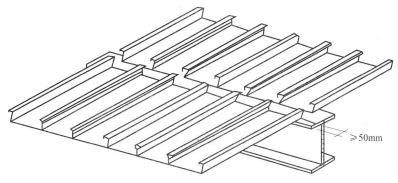

图 3-58　闭口型压型钢板

YXB65－220－660 型压型钢板如图 3-59 所示。

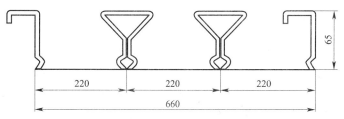

图 3-59　YXB65－220－660 型压型钢板（例）

闭口型压型钢板实物图如图 3-60 所示。

图 3-60　闭口型压型钢板实物图

3. 钢筋桁架楼承板

钢筋桁架楼承板作为第三代钢结构配套楼承板，是适用于工业与民用及构筑物的组合楼盖，广泛应用在钢结构施工中。是目前高效施工的一种方法，也是施工行业工厂化的一个标志。

　　钢筋桁架楼承板系统是将楼板中钢筋在工厂采用设备加工成钢筋桁架，并将钢筋桁架与镀锌压型钢板焊接成一体的组合模板。该系统将混凝土楼板与施工模板组合为一体，组成一个施工阶段承受混凝土自重及施工荷载的承重构件，并且在使用阶段钢筋桁架与混凝土共同作用，承受荷载。较单纯的压型钢板，钢筋桁架楼承板在质量稳定性和承重性能方面有很大提高，可减少70%的钢筋绑扎量，大大节约了人力、物力，缩短施工工期。钢筋桁架楼承板体系如图3-61所示。

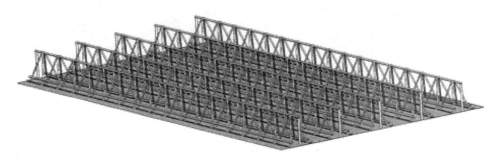

图3-61　钢筋桁架楼承板体系示意图

钢筋桁架楼承板组成如图3-62所示。

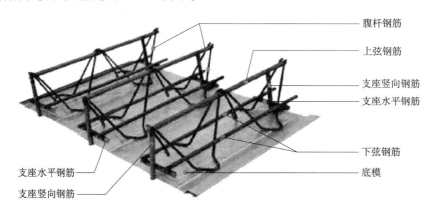

图3-62　钢筋桁架楼承板组成示意图

TDA型钢筋桁架楼承板结构图如图3-63所示。

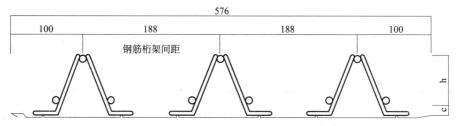

图3-63　TDA型钢筋桁架楼承板结构图

钢筋楼承板底模结构如图3-64所示。

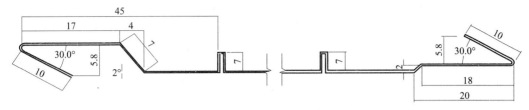

图 3-64　钢筋楼承板底模结构示意图

二、组合楼板设计

1. 设计基本规定

组合楼板应对其施工及使用两个阶段分别按承载能力极限状态和正常使用极限状态进行设计，并应符合现行国家标准《建筑结构可靠度设计统一标准》GB 50068 的规定。

（1）施工阶段，楼承板作为混凝土浇筑支承板，荷载应包括以下内容：

①永久荷载：压型钢板、钢筋和混凝土自重；

②可变荷载：施工荷载，包括施工均布活荷载、冲击荷载及堆积荷载等。应以施工实际荷载为依据，并不小于 $1.0kN/m^2$。

（2）施工阶段，楼承板按承载力极限状态设计时，其荷载效应组合的设计值应按下式确定：

$$S = 1.2S_s + 1.4S_c + 1.4S_q$$

式中　S——荷载效应设计值；

S_s——楼承板、钢筋自重在计算截面产生的荷载效应标准值；

S_c——混凝土自重在计算截面产生的荷载效应标准值；

S_q——施工阶段可变荷载在计算截面产生的荷载效应标准值。

（3）施工阶段，楼承板挠度应按荷载的标准组合计算。

$$\Delta c = \Delta_{1Gk} + \Delta_{1Qk}$$

式中　Δ_c——施工阶段按荷载效应的标准组合计算的楼承板挠度值；

Δ_{1Gk}——施工阶段按永久荷载效应的标准组合计算的楼承板挠度值；

Δ_{1Qk}——施工阶段按可变荷载效应的标准组合计算的楼承板挠度值。

（4）使用阶段，组合楼板弯矩设计值可按下列规定取用：

①不设置临时支撑时，正弯矩区段：

$$M = M_{1G} + M_{2G} + M_{2Q}$$

压型钢板组合楼板及钢筋桁架组合楼板连接钢筋处负弯矩区段：

$$M = M_{2G} + M_{2Q}$$

钢筋桁架板桁架连续处负弯矩区段：

$$M = M_{1G} + M_{2G} + M_{2Q}$$

②设置临时支撑时，组合楼板正、负弯矩区段：

$$M = M_{1G} + M_{2G} + M_{2Q}$$

式中　M——组合楼板弯矩设计值；

M_{1G}——组合楼板自重在计算截面产生的弯矩设计值；

M_{2G}——除组合楼板自重以外，其他永久荷载在计算截面产生的弯矩设计值；

M_{2Q}——可变荷载在计算截面产生的弯矩设计值。

（5）使用阶段，组合楼板剪力设计值可按下列规定取用：

$$V = \gamma V_{1G} + V_{2G} + V_{2Q}$$

式中 V——组合楼板最大剪力设计值；

V_{1G}——组合楼板自重在计算截面产生的剪力设计值；

V_{2G}——除组合楼板自重以外，其他永久荷载在计算截面产生的剪力设计值；

V_{2Q}——可变荷载在计算截面产生的剪力设计值；

γ——施工时与支撑条件有关的支撑系数。

（6）使用阶段，组合楼板挠度应按下列公式进行组合。

荷载效应的标准组合：

$$\Delta_s = （1 - \gamma_d）\Delta_{1Gk} + （\Delta_{2Gk}^s + \Delta_{Q1k}^s + \sum \psi_{ci} \Delta_{Qik}^s）$$

荷载效应的准永久组合：

$$\Delta_q = （1 - \gamma_d）\Delta_{1Gk} + （\Delta_{2Gk}^l + \sum \psi_{qi} \Delta_{Qik}^l）$$

式中 Δ_s——按荷载标准组合计算的组合楼板挠度值；

Δ_q——按荷载准永久组合计算的组合楼板挠度值；

Δ_{1Gk}——施工阶段按永久荷载标准组合计算的楼承板挠度值；

Δ_{2Gk}^s——按 $\gamma_d g_k$ 和其他永久荷载标准组合，且按短期截面抗弯刚度计算的组合楼板挠度值；

Δ_{2Gk}^l——按 $\gamma_d g_k$ 和其他永久荷载标准组合，且按长期截面抗弯刚度计算的组合楼板挠度值。

Δ_{Qik}^s——第 i 个可变荷载标准值作用下，按短期截面抗弯刚度 B^s 计算的挠度值；

Δ_{Qik}^l——第 i 个可变荷载标准值作用下，按长期截面抗弯刚度 B^l 计算的挠度值；

ψ_{ci}——第 i 个可变荷载的组合系数，按《建筑结构荷载规范》GB 50009 选用；

ψ_{qi}——第 i 个可变荷载的准永久系数，按《建筑结构荷载规范》GB 50009 选用；

g_k——组合楼板（压型钢板、钢筋和混凝土）自重；

γ_d——系数，无支撑时取 $\gamma_d = 0$，其他取 $\gamma_d = 1$。

2. 压型钢板组合楼板计算

当压型钢板仅作为楼板混凝土浇筑模板及支承使用时，在设计过程中仅需计算施工阶段承载力及变形。由于混凝土处于流动状态，仅作为荷载考虑，不参与受力。当压型钢板需参与结构受力时，需同时计算施工阶段和使用阶段承载力及变形，此时混凝土参与使用阶段受力。

1）施工阶段承载力及变形计算

压型钢板应根据施工时临时支撑情况，按单跨、两跨或多跨计算；压型钢板承载力和构造要求应满足现行国家标准《冷弯薄壁型钢结构技术规范》GB 50018 的要求。承载力计算时，结构重要性系数 γ_0 可取 0.9。

施工阶段，受弯承载力应满足下列要求：

$$\sigma = k \cdot \frac{M_{max}}{W_{ef}} \leq f$$

式中　σ ——按有效截面计算的截面最大弯曲应力；

　　　k ——结构重要性系数；

　　　M_{max} ——最大弯矩；

　　　W_{ef} ——有效截面抵抗矩；

　　　f ——钢材或铝材的抗弯设计强度。

施工阶段挠度验算应采用压型钢板有效截面惯性矩 I_{ae}，最大挠度应满足规范要求。

2）使用阶段承载力计算

组合楼板受弯计算简图如图 3-65 所示。

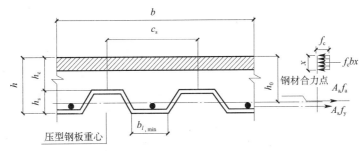

图 3-65　组合楼板受弯计算简图

组合楼板在强边方向正弯矩作用下，正截面受弯承载力计算应满足下列要求：

$$M \leqslant f_c bx \left(h_0 - \frac{x}{2} \right)$$

混凝土受压区高度应按下列公式确定：

$$x = \frac{A_a f_a + A_s f_y}{f_c b}$$

适用条件：$x \leqslant h_c$ 且 $x \leqslant \zeta_b h_0$

　　　　　当 $x \geqslant \zeta_b h_0$ 时，取 $x = \zeta_b h_0$

式中　M ——计算宽度内组合楼板的正弯矩设计值；

　　　h_c ——压型钢板肋以上的混凝土厚度；

　　　b ——组合楼板计算宽度；

　　　x ——混凝土受压区高度；

　　　h_0 ——组合楼板截面有效高度，等于压型钢板及钢筋拉力合力点至混凝土构件
　　　　　　顶面的距离；

　　　A_a ——计算宽度内受压钢筋截面面积；

　　　A_s ——计算宽度内受拉钢筋截面面积；

　　　f_a ——压型钢板抗拉强度设计值；

　　　f_y ——钢筋抗拉强度设计值；

　　　f_c ——混凝土抗压强度设计值；

　　　ζ_b ——相对界限受压区高度。

使用阶段受剪承载力应符合下列要求：

$$V \leqslant m \frac{A_s h_0}{1.25a} + k f_t b h_0$$

式中　V——组合楼板最大剪力设计值；

　　　f_t——混凝土轴心抗拉强度设计值；

　　　a——剪跨，均布荷载作用时取 $a = l_n/4$；

　　　l_n——板净跨，连续板可取反弯点之间的距离；

　　　A_a——计算宽度内组合楼板中压型钢板截面面积；

　　　m，k——剪力粘结系数，按规范取。

组合楼板正常使用极限状态下的挠度，根据组合楼板截面抗弯刚度可采用结构力学方法并按照规范进行挠度组合计算。计算所得的最大挠度不应超过规范限值。

3. 钢筋桁架组合楼板计算

钢筋桁架板施工阶段可采用弹性分析方法分别计算钢筋桁架和底模焊点的荷载效应。计算钢筋桁架时，全部荷载由桁架承担；计算底模焊点时，荷载全部由底模承担。使用阶段，钢筋桁架弦杆可作为混凝土中配置的上、下受力钢筋与混凝土共同工作，不考虑钢筋桁架整体、桁架腹杆及底模的作用。组合楼板按连续板设计时，支座处配筋应符合《混凝土结构设计规范》GB 50010 的要求；按简支板设计时，支座截面应按《组合楼板设计与施工规范》配置负弯矩构造钢筋。

1）施工阶段承载力及变形验算

钢筋桁架各杆件承载力应满足下列要求：

$$\frac{\gamma_0 N}{A_s} \leqslant 0.9 f_y$$

式中　N——杆件轴心拉力或压力设计值；

　　　f_y——钢筋抗拉或抗压强度设计值；

　　　A_s——钢筋截面面积；

　　　γ_0——结构重要性系数，可取 0.9。

钢筋桁架各受压杆件稳定性应满足下列要求：

$$\frac{\gamma_0 N}{\varphi A_s} \leqslant f_y'$$

式中　N——杆件轴心压力设计值；

　　　f_y'——钢筋抗压强度设计值；

　　　φ——轴心受压构件的稳定系数，应按现行国家标准《钢结构设计规范》GB 50017 采用。其中，受压弦杆的计算长度不应小于 0.9 倍的受压弦杆节点间距，腹杆的计算长度不应小于 0.7 倍的腹杆节点间距。

底模与钢筋桁架焊点的受剪承载力应满足下列要求：

$$V \leqslant \sum_1^n N_v$$

式中　V——施工阶段钢筋桁架板底模与钢筋桁架电阻焊点剪力设计值；

　　　N_v——电阻焊点抗剪承载力设计值；

　　　n——钢筋桁架板计算面积内焊点个数。

钢筋桁架板在施工阶段挠度可按桁架计算，最大挠度值应满足规范要求。

2）使用阶段承载力极限状态计算

组合楼板正截面受弯承载力应符合现行国家标准《混凝土结构设计规范》GB 50010

的要求。弯矩设计值可按压型钢板组合楼板弯矩计算取值。

4. 压型钢板构造措施

组合楼板用压型钢板基板的净厚度不应小于0.75mm，作为永久模板使用的压型钢板基板净厚度不宜小于0.5mm。

1) 端部构造

压型钢板在钢梁上的支承长度不应小于75mm。在混凝土梁上支承长度不应小于100mm。压型钢板与钢梁之间应设有抗剪连接件，一般采用栓钉连接。压型钢板边缘宜设置收边板（边模）。收边板应与钢梁点焊，其高度为楼板厚度。若收边板下方无收边梁，则需沿楼板边线设置收边角钢，或采用自攻钉将收边板与压型钢板固定。端部构造如图 3-66 所示。

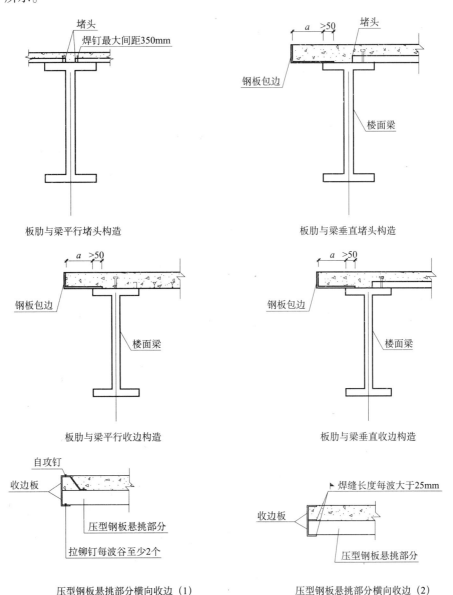

图 3-66　端部构造（一）

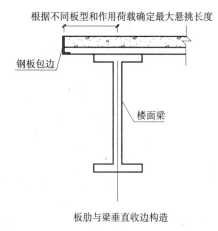

板肋与梁垂直收边构造

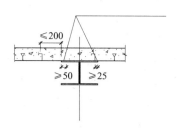

连续铺设压型钢板搭接详图

图 3-66　端部构造（二）

2）开洞构造

组合楼板开圆孔孔径或长方形边长不大于 300mm 时，可不采取加强措施。组合楼板开洞尺寸在 300～750mm 之间，应采取有效加强措施。当压型钢板波高不小于 50mm，且孔洞周边无较大集中荷载时，可在垂直板肋方向设置角钢或附加钢筋。组合楼板开洞尺寸在 300～700mm 之间，且孔洞周边有较大集中荷载时或组合楼板开洞尺寸在 750～1500mm 之间时，可沿顺肋方向加槽钢或角钢并与其临近的结构梁连接，在垂直肋方向加角钢或槽钢并与顺肋方向的槽钢或角钢连接。开洞构造如图 3-67 所示。

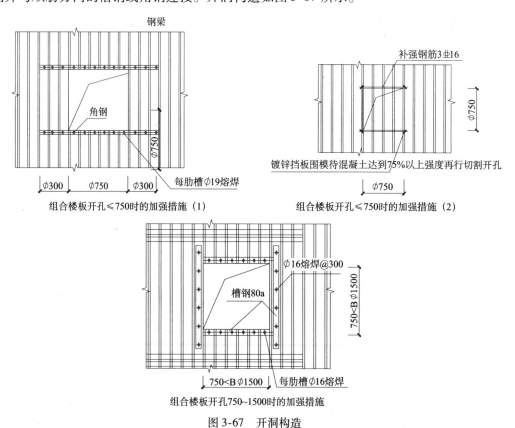

组合楼板开孔≤750时的加强措施（1）

组合楼板开孔≤750时的加强措施（2）

组合楼板开孔750~1500时的加强措施

图 3-67　开洞构造

3）柱截断位置构造

当组合楼板在与柱相交处被切断，梁上翼缘外侧至柱外侧的距离大于75mm时，可在柱上或梁上翼缘焊支托进行处理。柱截断位置构造如图3-68所示。

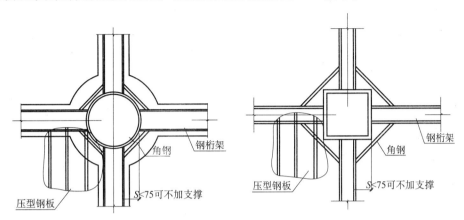

圆柱梁柱节点处压型钢板支托构造　　　　矩形柱节点处压型钢板支托构造

图3-68　柱截断位置构造

5. 钢筋桁架楼承板构造措施

钢筋桁架板底模，施工完成后需永久保留的，底模钢板厚度不应小于0.5mm，底模施工完成后需要拆除的，可采用非镀锌板材，其净厚度不宜小于0.4mm。

1）端部构造

桁架节点与底模接触点均应点焊。桁架下弦钢筋伸入梁边的锚固长度不应小于5倍下弦钢筋直径，且不应小于50mm。钢筋桁架组合楼板抗剪连接件设置要求与压型钢板组合楼板一致。端部构造如图3-69所示。

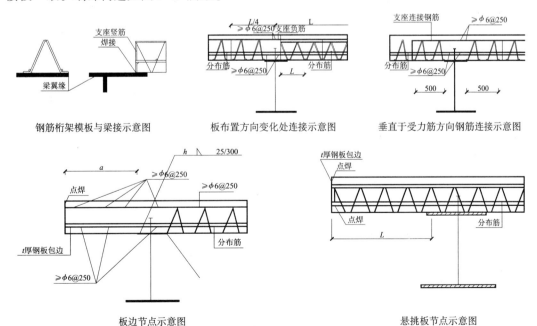

钢筋桁架模板与梁接示意图　　板布置方向变化处连接示意图　　垂直于受力筋方向钢筋连接示意图

板边节点示意图　　　　　　　　悬挑板节点示意图

图3-69　端部构造（一）

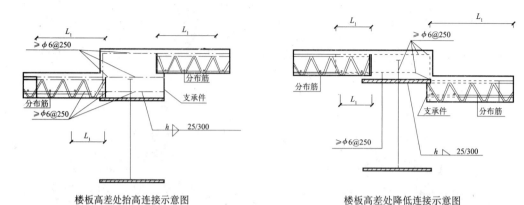

楼板高差处抬高连接示意图　　　　　　　　楼板高差处降低连接示意图

图 3-69　端部构造（二）

2）组合楼板开洞构造

组合楼板开洞，孔洞切断桁架上下弦钢筋时，孔洞边应设置加强钢筋。

组合楼板开洞构造如图 3-70 所示。

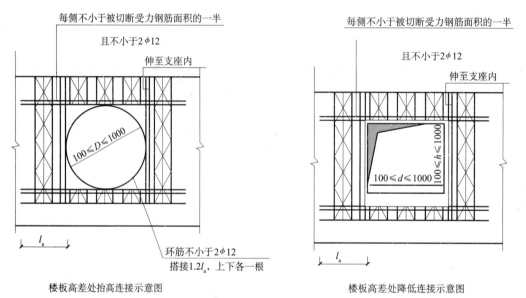

楼板高差处抬高连接示意图　　　　　　　　楼板高差处降低连接示意图

图 3-70　组合楼板开洞构造

3）柱截断位置构造

组合楼板在与钢柱相交处被切断，主筋底板应设置支承件，板内应布置附加钢筋。楼截断位置构造如图 3-71 所示。

三、压型钢板铺设

1. 铺设流程

施工流程图如图 3-72 所示。

2. 材料采购

1）选定供应商

根据图纸要求的钢筋桁架楼承板规格、型号和数量，在公司合格供应商中选取的供应

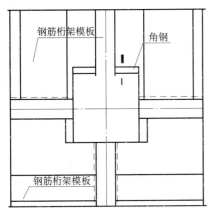

柱边支承件布置示意图

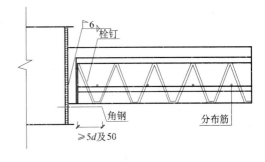

1-1

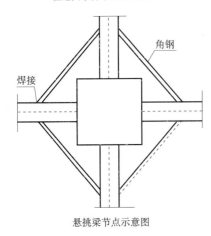

悬挑梁节点示意图

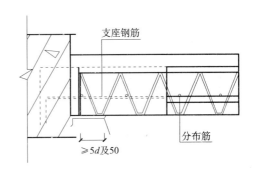

板布置方向变化处连接示意图

图 3-71　楼截断位置构造

商进行招标，确定后签订采购合同及提货清单确定。

2）排板图优化

供应商选定后，各供应商应根据自己的产品规格、型号对所供应的钢筋桁架楼承板排版进行优化，同时对于设计中的遗漏和不足进行补充。排板图优化完成后报原设计单位进行确认，确认后方可进行生产。

3）供货原则

每批次产品的生产和发货供需双方必须符合合同约定。

每批次产品应提前 5 天通知工厂发货，明确时间、地点、发货的内容。

4）包装

楼承板的包装应考虑运输的安全性、吊装的方便性、回收的容易性等要求，并对构件有较好的保护。

5）验收

材料进场后，物质部门必须组织项目技术人员、质检人员、施工班组长、监理工程师共同对进场材料进行验收，验收合格后方可卸车入库。

验收内容如下：

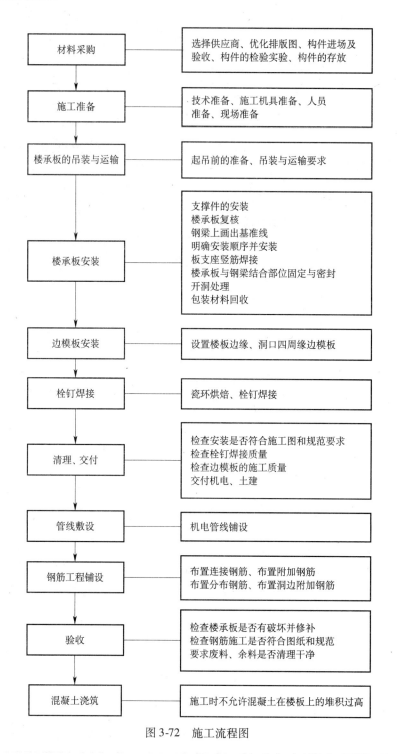

图 3-72　施工流程图

（1）检查钢筋桁架楼承板的拉钩是否有变形，变形处可用自制的矫正器械进行矫正。

（2）底模的平直部分和搭接边的平整度每米不应大于 1.5m。

（3）外观质量的检查，焊点处熔化金属应均匀，每件成品的焊点脱落、漏焊数量不得超过焊点总数的 4%，且相邻的两焊点不得有漏焊和脱落，焊点应无裂纹、多孔性缺陷及明显烧伤现象。

（4）规格、型号、尺寸检查，其偏差应符合表3-8和表3-9的要求。

钢筋桁架楼承板允许偏差（mm） 表3-8

钢筋桁架楼承板的长度允许偏差		宽度允许偏差
≤5.0m	±3	±4
>5.0m	±4	

钢筋桁架构造尺寸允许偏差（mm） 表3-9

项目	允许偏差
钢筋桁架高度	±3
钢筋桁架间距	±10
桁架节点间距	±3

6）存放

钢筋桁架楼承板的搬入地点与存放计划应根据现场的起重设备、进场路线、质量检查以及露天存放等因素来拟订，钢筋桁架楼承板的车辆到达现场后，运输负责人与现场负责人进行货物交接工作。

经检验合格的钢筋桁架楼承板，采用起重设备卸货，沿拟定的进场路线，按安装位置以及安装顺序存放，并有明确的标记，并做好防雨措施。

钢筋桁架楼承板水平叠放，成捆堆垛，捆与捆之间垫枕木，叠放高度不宜超过三捆。

7）检验试验

钢筋桁架楼承板进场后，要根据现行规范和设计要求，对其进行送样检测，主要是复核底模、桁架等原材的力学性能及楼承板的整体力学性能。

3. 施工准备

1）技术准备

熟悉钢筋桁架施工图及钢梁深化图，了解设计意图并参照施工规范、技术标准、排板图及细化节点图需经设计院签字确认方可用于施工。

根据图纸要求及规范的相应要求，编制钢筋桁架楼承板专项施工方案，此专项施工方案须审批后执行。

对所有钢筋桁架楼承板操作工人进行技术交底和岗前培训。

2）施工机具准备

现场应配置吊车、运输车辆、电焊机、切割机、栓钉焊机、吊带、磨光机、木锤和橡胶锤等施工机具。

3）劳动力准备

应配备电焊工、起重工、铆工、钳工等作业工种，作业人员应具备较高的技术水平，能够多个专业施工小组同时作业。

4）现场准备

为配合安装作业顺序，钢筋桁架楼承板铺设前应具备以下条件：

（1）施工层平面钢结构安装完成并经验收合格；

（2）所有的焊接工作完成，并检测合格；

（3）所有的干强度螺栓施工完成终拧，并验收合格；

（4）所有的辅助用耳板、码板已切除并打磨平整；

（5）所有的施工部位油漆补刷到位并验收合格；

（6）安装屏幕上已经清理干净，无边角余料、杂物、油污等。

4. 楼承板的吊装

楼承板根据现场情况采用塔式起重机、吊车或其他方式进行吊装。

吊装时，根据保证情况选择吊装方式。如包装本身具备吊装条件，采用两段等长钢绳索的两端分别穿入包装架进行吊装；如采取板扎吊装时，须采用软吊带且应采取防滑措施。两钢绳索夹角不能小于45°，如图3-73所示。对超重、超长的板增加吊点或使用吊架等方式，防止产生变形或折损。

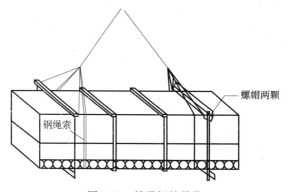

图3-73　楼承板的吊装

5. 楼承板铺设

1）支撑件的安装

钢筋桁架楼承板安装前，首先要进行悬挑部位、钢柱连接处、钢梁连接处的支撑件进行安装。如已随主体结构安装完成，则应复核其安装尺寸是否符合设计和规范要求，并对存在的问题进行整改。

2）楼承板复核

钢筋桁架楼承板运至按照部位在安装前，应对其进行规格、型号、外观质量检查。防止错用楼承板。如有损伤，应进行修复。损坏严重的应报废，由供应商重新制作和发货。

3）钢梁上画出基准线

铺设前，先在钢柱、核心筒外筒钢梁上弹出基准线，按基准线铺设。

4）楼承板铺设

（1）明确安装顺序：

楼承板一般铺设面积较大，为保证楼承板的安装，减少出现非标准板的现象，铺设时一般按由一侧的相邻两边向另一侧逐次安装的顺序，将非标准板留到一侧统一解决。

（2）安装技术要求：

①铺设时，须严格按排板图逐一排放。

②搭接：搭接长度要严格按设计和规范要求的保证搭接长度，一般侧向与端头和支承

钢梁的搭接不小于50mm，板与板之间的侧搭接为公母扣合不小于10mm。

③点固：铺设好的压型钢板调直后，为防止滑脱钢梁或大风掀起，应及时点焊牢固或用栓钉固定，楼承板与支撑钢梁采用点焊或塞焊，竖筋必须点焊在梁面上。

④切割：现场边角、柱边需下料切割。直线切割时原则上优先使用切割机和等离子气割技术，切割不得损害母材强度。

⑤标记：压型钢板铺设过程中，对被板全部覆盖的支撑钢梁在压型板上标示钢梁的中心线，便于栓钉焊接能准确到位。

⑥密封：铺设后，边角和板与梁面接触处的空隙为防止漏浆，须压实或点焊。

⑦开孔：为保证钢板的承载强度，钢板上的预留孔洞原则上由土建支模预留，待混凝土强度达到设计强度后再开孔。

⑧校验：在交工验收前，认真检查安装过程中有无遗漏情况，对施工过程中造成的撞击、变形、损坏进行修复、校正或更换。

⑨收尾：楼承板基本安装完成，利用非标准板收尾。

5）板支座竖筋

钢筋桁架楼承板铺设和调整完成后，进行端部支座竖筋焊接。端部支座竖筋的焊缝必须饱满、均匀，严禁出现不焊、漏焊、焊缝不完整、焊脚尺寸不足等。

6）楼承板与钢梁结合部位固定与密封

钢筋桁架楼承板因搭接宽度的原因，在较大的钢梁上往往处于栓钉布置区域以外，容易造成沿长度方向由于咬口折边与钢梁上表面贴合不严而漏浆。因此，为保证楼承板边缘与钢梁上表面贴合不严，可采取短钢筋压条、通长钢筋填充和通长Z形压条三种方法进行密封，以后两者为优。

7）开洞处理

在钢筋桁架楼承板开洞，原则上在混凝土浇筑前不进行洞口开凿，先采用模具或模板将需要开洞的部位与混凝土隔离，在混凝土浇筑完成后再将洞口部位的楼承板切除。

8）包装材料回收

钢筋桁架楼承板施工完成后，对包装材料进行回收，能够再次利用的返回厂家重新利用，不能返厂的采取现场集中处理。

6. 边模板施工

施工前必须仔细阅读图纸，选准边模板型号、确定边模板搭接长度；

安装时，将边模板紧贴钢梁面，边模板与钢梁表面每隔300mm间距点焊25mm长、2mm高的焊缝；

短悬挑处，边模板底面紧贴钢梁面焊接，侧面与桁架上悬钢筋连接；长悬挑处，边模板底面与桁架板镀锌底板用拉铆钉连接或与支座

竖筋焊接,侧面与桁架上悬钢筋连接。

四、栓钉焊接、钢筋铺设及混凝土浇筑

1. 栓钉焊接

1)栓钉施工工艺流程

栓钉施工工艺流程如图 3-74 所示。

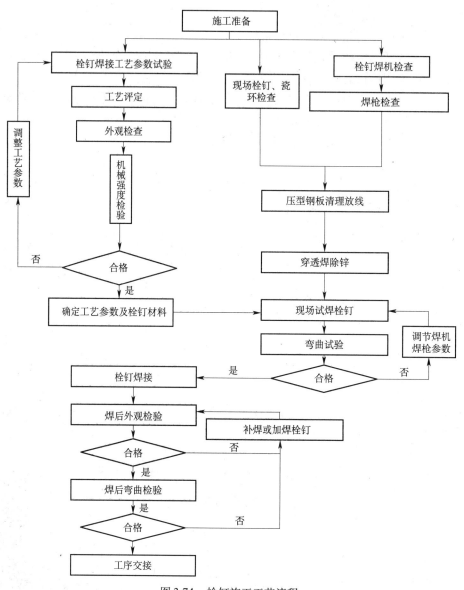

图 3-74 栓钉施工工艺流程

2)施工准备

(1)技术准备:

在焊接栓钉前,进行栓钉焊接工艺参数试验,确定工艺参数。栓钉焊工艺参数包括:焊接形式、焊接电压、电流、栓焊时间、栓钉伸出长度、栓钉回弹高度、阻尼调整位置。

试验方法：根据栓钉的直径选择适宜的焊接工艺参数，将 6 个栓钉直接打在钢板上，焊缝外观检查合格后 3 个试件进行拉伸，性能符合设计和规范要求；3 个试件进行 30°冷弯，栓钉弯曲原轴线 30°后焊接部位无裂纹为合格。

对于实际施工过程中遇到的引弧后先熔穿镀锌压型钢板而后再与钢梁熔为一体的穿透型栓钉，要充分考虑压型钢板的厚度、表面镀锌层以及钢板与钢梁之间间隙的影响，每次施工前均要在试件上放置压型钢板，试打调整好工艺参数后进行施工。施工的前 10 颗钉进行 15°～30°打弯试验，合格后进行正常施工。栓钉焊接工艺参数如表 3-10 所示。栓钉其他参数如表 3-11 所示。

栓钉焊接工艺参数　　表 3-10

瓷杯形式	焊接电流（A）	栓焊时间（s）	栓钉伸出长度（mm）	栓钉直径（mm）	栓钉回弹高工（mm）	阻尼调整位置（mm）	压型钢板厚度（mm）	压型钢板间隙（mm）	压型钢板层数（mm）
非穿透焊	1300 1350 1600 1650	0.8 0.9～1.0	5～6 5～6	$\phi16$ $\phi19$	2.5 2.5	适中	—	—	—
穿透焊	1450 1250	1.0 2.0	7～8	$\phi16$	3.0	适中	1.0	<1.0	1～2

以上数据要根据现场实际情况、不同季节、不同电缆线厂，可上下浮动。

栓钉其他参数　　表 3-11

栓钉规格（mm）	电流（A）		时间（s）		伸出长度（mm）		提升高度（mm）	
	普通型	穿透型	普通型	穿透型	普通型	穿透型	普通型	穿透型
$\phi19$	1500	1800	1.0	1.2	5	7～9	2.5	3～4

（2）材料准备：

焊接前检查栓钉的产品质量证书、机械性能试验报告、外观质量等，保证栓钉的规格、型号及外观质量符合要求。栓钉无锈蚀、油污、毛刺、弯曲等缺陷，且规格型号符合设计要求。

栓钉用钢牌号和化学成分见表 3-12。

栓钉用钢牌号和化学成分　　表 3-12

牌号	化学成分（%）					
	C	Si	Mn	P	S	Ah
ML15A	0.13～0.18	≤0.10	0.3～0.6	≤0.35	≤0.035	≥0.020
ML15	0.13～0.18	0.15～0.35	0.3～0.6	≤0.35	≤0.035	—

栓钉的机械性能见表 3-13。

<table>
<tr><td colspan="4" style="text-align:center">栓钉的机械性能</td></tr>
</table>

栓钉的机械性能　　　　　　　　　　　　　　　　　　　表 3-13

抗拉强度（N/mm²）		屈服点（N/mm²）	延伸率（%）
min	max	min	min
400	550	240	14

栓钉尺寸表见表 3-14。

栓钉尺寸表　　　　　　　　　　　　　　　　　　　　　表 3-14

	公称	6		8	10		13		16	19	22
d	min	5.76		7.71	9.71		12.65		15.65	18.58	21.58
	max	6.24		8.29	10.29		13.35		16.35	19.42	22.42
d_k	min	10.65		15.35	18.35		22.42		29.42	32.5	35.5
	max	11.35		14.65	17.65		21.58		28.58	31.5	34.5
k	min	5.48		7.58	7.58		10.58		10.58	10.58	12.7
	max	5.00		7.00	7.00		10.00		10.00	12.00	12.00
r	min	2		2	2		2		2	3	3
WA（参考）		4		4	4		5		5	6	6
公称长度 l_1		40	50	80	100		120	130	150	170	200

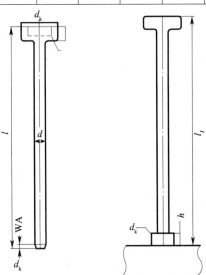

d—栓钉直径；d_k—栓钉头直径；K—栓钉高度；r—倒角半径；WA—熔化长度

栓钉焊接时所使用的瓷环应符合标准要求，对关键的两项尺寸即瓷环中心孔的直径与椭圆度、瓷环支撑焊枪平台的高度进行严格复核。对于穿透焊使用的瓷环，焊前须检查其是否受潮。受潮的瓷环必须在 250℃ 温度下烘焙 1h，去除潮气。

焊接瓷环形式尺寸：焊接瓷环形式和尺寸应符合图 3-75 和表 3-15 的规定。其中，B_1型适用于普通平焊，也适用于 13mm 和 16mm 栓钉的穿透平焊；B_2 型仅适用于 19mm 栓钉的穿透平焊。

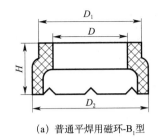
(a) 普通平焊用磁环-B_1型

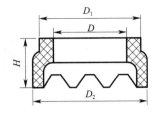
(b) 穿透平焊用磁环-B_2型

图 3-75 焊接磁环

焊接磁环尺寸（mm） 表 3-15

焊钉公称直径 d	D		D_1	D_2	H
	Min	Max			
10	10.3	10.8	14	18	11
13	13.4	13.9	18	23	12
16	16.5	17	23.5	27	17
19	19.5	20	27	31.5	18
22	23	23.5	30	36.5	18.5
25	26	26.5	38	41.5	22

（3）现场准备：

①交接检验：栓钉焊接前对施焊部位的表面进行清洁检查，焊接面不得存有水、油漆、氧化漆钢板、水泥砂浆等，必要时火烤、打磨。验收合格后进行栓钉焊接。

②交叉作业：楼承板安装开始后栓钉焊接施工及时插入，避免间隔时间过长造成板面污染、钢板底部存渣。

③天气条件：雨天禁止进行焊接施工，待雨水或采取适宜方法将钢梁与钢板之间的积水清除干净后焊接。

④施焊前放线，标出栓钉焊接位置。焊接位置的母材进行清理。

3）栓钉焊接

栓钉使用专用栓钉熔焊机进行焊接，焊接时需设置专用配电箱及专用线路。

安装时应按设计的间距、沿已完成的基准线进行磁环的布置，瓷环要保持干燥，焊后要去掉瓷环，以便于检查。

施焊人员平稳握枪，并使枪与母材平面垂直，然后施焊。根部焊脚要均匀、饱满，以保证其强度达到要求，焊接完成后进行敲击试验，用榔头敲击栓钉成 15°~30°角，焊缝不产生裂纹为合格。栓钉焊接示意图如图 3-76 所示。

4）焊接质量试验

（1）外观检查：

焊好的焊钉，其根部周围须有挤出的熔融金属（挤出焊脚），并满圈、饱满。但焊钉周围挤出焊脚的立面可不熔合，水平面可为溢流，允许在挤出焊脚的顶面有时形成与焊钉直线呈径向或纵向的少量小收缩裂纹或缺陷。

图 3-76　栓钉焊接示意图

（2）弯曲（敲击）检查：

在外观检查合格后，抽检栓钉总数的 1% 进行弯曲检查：用手锤敲击栓钉头部使其弯曲，偏离原垂直位置 15°~30° 角，被检栓钉的根部焊缝未出现裂纹和断裂者即为合格。

（3）检查标准

栓钉外观检查项目及标准如表 3-16 所示。

栓钉外观检查项目及标准　　　　　　　　　　　　　　　　　　表 3-16

序号	检查项目	判定标准与允许偏差	检验方法
1	焊肉形状	360° 范围内，焊肉高 >1mm，焊肉宽度 >0.5mm	目检
2	焊肉质量	无气泡和夹渣	目检
3	焊缝咬肉	咬肉深度 <0.5mm；咬肉深度 ≤0.5mm 并打磨掉咬肉处的锋锐部位	目检
4	焊钉焊后高度	焊后高度偏差 <±2mm	钢尺测量

5）不合格栓钉的处理

为保证母材和楼承板钢板的完整性不受破坏，原则上尽量避免将原有栓钉打掉重新进行焊接。经外观检查或弯曲检查证实不合格的栓钉一般在打磨后采用手工电弧焊补焊的方式进行修复；对于经弯曲检查出发生严重断裂的栓钉，必须打掉重新进行焊接。焊接缺陷的处理见表 3-17。

穿透型焊接栓钉的焊接缺陷及处理方法　　　　　　　　　　　　表 3-17

序号	缺陷类型	特征	产生原因	解决办法	处理办法
1	咬边	栓焊后压型钢板甚至钢梁表面被电弧烧成孔洞	焊接电流过大，时间过长	调整焊接电流和时间	打磨补焊
2	未熔合	栓钉与压型钢板和钢梁部分未熔合成一体	焊接电流过小，时间过短	调整加大焊接电流，增加焊接时间	打磨补焊

续表

序号	缺陷类型	特征	产生原因	解决办法	处理办法
3	气孔	熔池中的气体未能完全溢出	压型钢板与梁间存有间隙，瓷环受潮或排气不当，母材表面存有杂质	严格进行焊前清理，焊接前将板与钢梁压紧贴实	打磨补焊
4	裂纹	在焊缝表面或焊肉中出现裂纹	压型钢板除锌不彻底，瓷环受潮或低温下焊接	焊接前彻底除锌，烘焙瓷环，环境温度低于0℃时进行80℃预热	打磨补焊
5	磁偏吹	电弧偏向一侧，造成熔合不良	直流焊机的焊接电流太大，地线在工件上的位置不对称	将地线对称地接在工件上，或在电弧偏吹向的反方向放置铁板，改变磁力线的分布	打磨补焊
6	挤出焊脚不足满圈	—	操作不当	修补焊缝应超过缺损两端9.5mm	打磨补焊

6）清理、交付

栓钉焊接完成后，对钢筋桁架楼承板进行中间验收，验收合格后清理并交付机电专业和土建专业进行下一步施工。

验收内容如下：

（1）检查钢筋桁架楼承板安装是否符合施工图和规范要求；

（2）检查栓钉焊接质量；

（3）检查边模板的施工质量；

（4）检查工作面上是否将边角余料、杂物等清理干净；

（5）检查工作面上的钢筋桁架楼承板是否有损坏并修复。

7）管线敷设

钢筋桁架楼承板施工完成并验收合格后，交付机电专业进行预埋管线施工。

施工中要做好成品保护，严禁随便在钢筋桁架楼承板上开孔。如需开孔，须征得设计同意，并采取相应的防漏、加强措施。

2. 钢筋工程铺设

钢筋施工应同机电专业同步交叉施工，防止因机电专业管线布置完成后钢筋无法布置。钢筋的施工严格按照设计要求进行连接钢筋、附加钢筋、洞边附加钢筋等的要求进行布置。

3. 验收

在机电专业、钢筋工程施工完成后，对整个组合楼板结构进行验收，验收合格后进行混凝土浇筑。

验收内容如下：

（1）检查楼承板是否有破坏并修补；

（2）检查钢筋施工是否符合图纸和规范要求；

（3）废料、余料是否清理干净。

4. 混凝土浇筑

组合楼板验收合格后进行混凝土浇筑。浇筑时，应严格按已批准的浇筑方案进行施工。严禁混凝土在楼板上的局部堆积过高并超过楼承板的承载能力，防止出现坍塌事故。

第四章　施工组织与保障

第一节　施工机械

一、塔式起重机

建筑施工过程中大宗材料的垂直运输都依赖塔式起重机，因此塔式起重机的选择及布置对施工的进度及组织保障尤为重要，超高层施工更是如此。

1. 选择原则

（1）依据工程钢结构分段吊装重量及数量，吊装设备选择应重点考虑核心筒内、外筒钢柱、桁架节点等构件的分段情况。

（2）分析各专业交叉作业情况，平均吊装高度高，且重型构件及高层位置构件每次吊装时间长，吊装设备的选择与布置需结合构件重量、吊次、工期、安全、成本等多种因素进行综合考虑，然后确定塔式起重机最优选择与布置。

（3）综合考虑各专业垂直运输量及工期要求来确定吊装设备数量。

（4）从吊装设备起重性能及吊装工艺来确定钢构件的分段，从而根据钢构件的单件重量和部位来确定塔式起重机的型号。

（5）分析工程各施工阶段钢结构堆场布置，确定塔式起重机臂长。

（6）综合考虑塔式起重机运输、安装以及拆卸等工序，保证塔式起重机在本工程使用的可行性。

（7）结合工程塔楼结构情况，充分考虑塔式起重机对建筑结构本身造成的影响及群塔作业要求，综合选取内爬式或外附式塔式起重机工况。

2. 塔式起重机附着形式选取方法

1）外附式塔式起重机

（1）优点：

①建筑物只承受塔式起重机传递的水平载荷，即塔式起重机附着力；

②附着在建筑物外部，对施工进度影响不大；

③塔式起重机司机可以看到塔式起重机一侧的吊装全过程，对塔式起重机操作有利；

④其拆卸是安装的逆过程，比内爬式方便。

（2）缺点：

①吊臂要长且塔身高（标准节多）；

②需配置足够的附着杆和锚固件；

③塔式起重机的造价和重量偏高；

④目前，国内使用的外附式塔式起重机只能达到280m；

⑤对于工程外部结构从四角逐步向内收敛，不适合使用外附式塔式起重机；

⑥影响外部墙面工程施工。

2）内爬升式塔式起重机

（1）优点：

①内爬升式塔式起重机一般布置在建筑物内部，所以其塔式起重机的幅度可以做得小一些，即吊臂可以做短，不占用建筑物外围空间；

②由于是利用建筑物向上爬升，塔机高度不受限制，塔身只需自由高度；

③广泛运用于300m以上超高层。

（2）缺点：

①塔式起重机要全部压在建筑物上，建筑结构需要加强，增加了建筑物的造价；

②爬升必须与施工进度互相协调，并且只能在施工间歇进行，塔式起重机司机基本不能直接看到吊装过程；

③施工结束后，需要用屋面起重机或其他设备将塔式起重机各部件一个一个地拆下来。

3）外挂爬升式塔式起重机

（1）优点：

①具有内爬升式塔式起重机的优点；

②当核心筒较小，无法安装内爬式塔式起重机或塔式起重机间距离太近时，采用外挂爬升式塔式起重机。

（2）缺点：

①具有内爬式塔式起重机的缺点；

②塔式起重机爬升位置墙体所受水平力大；

③施工过程中较内爬式塔式起重机危险系数大。

二、施工电梯

建筑施工过程中人员的垂直运输都是依赖施工电梯，部分施工材料也要通过施工电梯进行运输，特别是在施工塔式起重机拆除后的后期材料运输，因此施工电梯的选择与布置对施工的进度及组织保障同样重要，超高层施工更是如此。

1. 选择原则

（1）依据工程施工工人数量及所要运输材料数量、重量、尺寸等确定施工电梯数量、限载及梯笼尺寸。

（2）分析各竖向作业面工作量情况及每次运输时间，施工电梯的选择与布置需结合运次、工期、安全、成本等多种因素进行综合考虑，然后确定施工电梯最优选择与布置。

（3）综合考虑各专业对施工电梯的垂直运输需求，特别是幕墙、机电等，确定施工电梯的单笼最大运输重量及梯笼尺寸。

（4）根据对后期建筑上部运输量分析，确定所有施工电梯的安装高度，做到统筹考虑。

（5）分析工程各施工阶段运力需求，确定施工电梯安拆时间。

（6）结合工程塔楼施工部署情况，充分考虑施工电梯对建筑本身造成的影响，综合选取内置施工电梯或外置施工电梯工况。

2. 施工电梯内置或外置的优劣对比

1）外置施工电梯

（1）优点：

①附着在建筑物外部，不影响建筑结构施工；

②附着在建筑物外部，对施工进度影响不大；

③附着在建筑物外部，对塔式起重机的安拆有利。

（2）缺点：

①对于超高层来说，外置施工电梯受风影响较大；

②对于采用顶模、爬模等施工工艺的建筑，核心筒与外框存在施工高差，外置施工电梯无法到达最高施工工作面；

③外置施工电梯影响建筑外墙或幕墙施工；

④受建筑外立面限制，如外立面存在内收等情况时，电梯附着距离过大，不能继续向上安装。

2）内置施工电梯

（1）优点：

①因在建筑内部，受风影响较小；

②对于采用顶模、爬模等施工工艺的建筑，核心筒与外框存在施工高差，内置施工电梯可到达最高施工工作面；

③不影响外墙或幕墙施工；

④不受建筑外立面收截面限制。

（2）缺点：

①因在建筑内部，所以会影响建筑水平结构施工，需在电梯拆除后封堵，影响后期装修等施工进度。如安装在结构永久电梯井内，则影响正式电梯的安装；

②因安装在建筑内部，安装及拆除过程可能存在影响；

③施工电梯使用有时要受结构施工限制，如电梯附近结构钢梁吊装时。

三、顶模桁架体系

1. 顶模桁架体系

根据顶模桁架体系的布置，在核心筒左上、左下、右下三角处双层钢板剪力墙被顶模系统一级桁架横跨，因此钢板剪力墙的安装必须在此横跨点竖向切分分块。顶模桁架体系布置示意图如图 4-1 所示。

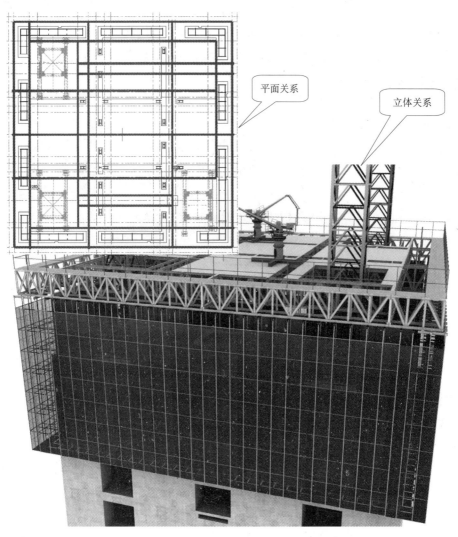

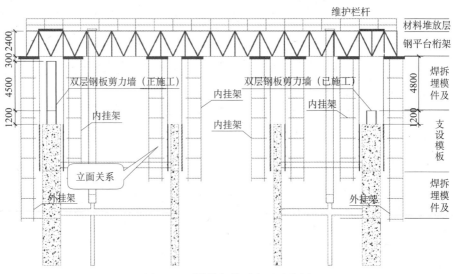

图 4-1　顶模桁架体系布置示意图

2. 核心筒型钢混凝土柱安装与土建顶模系统的关系

核心筒型钢混凝土柱安装与土建顶模系统的关系如表4-1所示。

核心筒型钢混凝土柱安装与土建顶模系统的关系

表4-1

序号	需协调事项
1	为保证型钢混凝土柱的定位精确，在土建浇筑混凝土后、下节型钢混凝土柱安装前复测一道
2	为保证焊接质量，请土建暂缓绑扎型钢混凝土柱焊接区域的箍筋，待焊接完成后施工
3	为优化钢柱分段，提前与总包协调，请顶模系统的次桁架避开核心筒内的型钢混凝土柱
4	分段长度大于10m的型钢混凝土柱，在土建浇筑混凝土前须拉设$\phi16$的钢丝绳进行加固

四、机械设备主要保障措施

机械设备主要保障措施

表4-2

序号			保证措施
1	机械设备检验及验收	机械设备进场前检验	①会同项目设备负责人组织相关人员对其进行检查、验收。 ②检查机械的完善情况，外部结构装置的装配质量，连接部位的紧固与可靠程度，润滑部位、液压系统的油质、油量，电气系统的完整性等项内容，并填写《机械设备进场验收记录》。 ③项目设备负责人组织相关人员对设备外观进行检查，要求机械设备外观整洁、颜色一致，经验收合格后方能进入现场安装。 ④安装前，对大型特殊设备如塔式起重机等应有安装方案，并经负责人审批
		设备验收	①设备安装完毕后，由项目、安装单位进行验收，并按照建设委员会的验收表格填写记录。合格后，原件交项目设备负责人、复印件交物资工程师进行备案。 ②设备验收合格后，在进行施工生产前，由项目设备负责人员检查操作人员的操作证（对外省市的应有省级劳动部门或其他主管部门颁发的中华人民共和国特种作业操作证）并预留其复印件存档，合格后方能进入现场进行施工作业
2	机械设备日常管理制度	机械设备台账	机械设备经安装调试完毕，确认合格并投入使用后，由项目设备负责人登记进入项目机械设备台账备案。对台账内的大型机械建立技术档案，档案中包括：原始技术资料和验收凭证、建设委员会颁发的设备编号及经劳动局检验后出具的安全使用合格证、保养记录统计、历次大中修改造记录、运转时间记录、事故记录及履历资料等
		三定制度	由项目设备负责人负责贯彻落实机械设备的"定人、定机、定岗位"的"三定"制度。由分包单位填写机械设备三定登记表并报项目备案
		安全技术交底制度	①在机械设备投入使用前，项目设备负责人应熟悉机械设备性能并掌握机械设备的合理使用的要点，保证安全使用。 ②机械设备操作人员实施操作前，由设备负责人对机械设备操作人员进行安全技术交底
		定期检查保养维修制度	①机械工程师在每月月初编制机械设备维修保养计划，由项目设备负责人负责组织、监督专人实施并做好设备的保养检查记录。 ②对分包商提供设备由分包商编制月度维修保养计划并交至生产设备现场管理部处存档，由项目设备负责人督促实施并做好记录。 ③机械设备的修理由设备负责人督促设备供应商的专业人员进行，并填写《机械设备维修记录》存档备查。 ④严格遵守维护保养制度，根据情况每天或每月留出必要的保养时间，保证机械设备的正常运转
		报告制度	由于机械设备发生故障造成的事故，设备负责人应认真填写施工设备事故报告单，报告物资及设备部经理，认真、及时处理

第二节　测量监测与变形控制

一、测量监测

1. 测量监测概述

超高层建筑一般采用内外筒框架结构，其控制网竖向传递累计误差大，对测量人员、设备质量要求高，对控制网传递、复核精度控制要求高，一般塔楼结构受风力、日照、温差、季节等多种动态作用的影响，筒体结构顶部处于不断摆动状态，进一步增加施工测控的难度；同时，塔楼结构高度高，内外筒的沉降控制难，如何解决内外筒的不均匀沉降是难点。

2. 平面控制网的建立与引测

1）平面控制网的建立

分阶段设置平面控制网，根据平面控制网的轴线控制点首次设置在地下室底板，第二次设置在地下室顶板，由激光铅直仪分层向上传递到各个楼层并组成多边形，经多边形条件闭合复测，用于楼层放线控制。平面控制网建立的要点如表4-3所示。

平面控制网建立的要点　　　　　　　　　表4-3

序号	步骤	主要要点
1	办理首级测量控制网的移交手续及进一步复核确认	进场后，首先对首级控制网的点位进行复核，计算点位误差并进行平差分析，并对首级测量控制网办理正式的书面交接手续（首级控制网控制点布置图由业主提供）。由于地下室桩基础先于钢结构施工，为保证建筑物准确定位在勘测设计的位置上，有必要对首级控制桩及引桩做进一步的复核确认。进场后会同监理对业主提供的轴线、水准点进行复核，用红油漆进行标志并妥善保护
2	地下室二级平面控制网布置	地下室底板结构施工时，采用"外控法"进行测量控制。利用首级测量基准点，向建筑物四周引测四个二级控制点，并在基坑四周围堰上加密二级测量控制点，经监理验收合格后将测量成果以文件形式，下发各专业测量小组进行测量施工。由于二级控制点位都引测在围堰周边易受沉降影响的位置，所以在地下室施工阶段，每周要定期检查四个二级控制点的坐标，发现变动及时修正
3	地上部分施工阶段，根据结构平面布置特点，进行三级控制网设置	分阶段进行激光铅直仪垂直引测，然后在施工过程中结合有利的天气条件适时进行校核，以降低累积误差影响。当结构施工至±0.000m后，即根据基坑外围布置的控制轴线引桩重新测设激光控制点在±0.000m层混凝土楼面上并做好点位标记

根据地上部分结构变化主轴线控制网进行相应调整。平面控制点位布置及引测具体操作方法如表4-4所示：

平面控制点的布置及引测具体操作方法　　　　　　　表4-4

序号	平面控制点位布置及引测具体操作方法
1	由于井道内支撑结构复杂，障碍物太多，平面接收不太方便，故不考虑将激光点布置在竖向井道内进行垂直传递
2	由于在大风天气下平台的稳定性可能会受到一定的影响，故测量钢平台一般只考虑作为激光点位接收的用途
3	制作激光捕捉辅助工具，提高点位捕捉的精度，减少分阶段引测累积误差

某工程平面控制网如如图 4-2 所示：

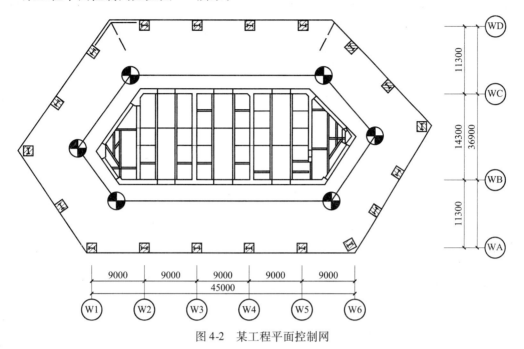

图 4-2　某工程平面控制网

2）平面控制网的引测

平面控制网的引测如表 4-5 所示。

平面控制网的引测　　　　　　　　　　　　　　　　表 4-5

序号	测量控制方法	控制要点	示意
1	地下室施工阶段的定位放线采用"外控法"	地下室施工阶段的定位放线采用"外控法"，即在基坑周边的二级测量控制点及加密测量控制点上架设全站仪，用极坐标法或直角坐标法进行三级控制网定位，地下室三级控制网施测完成后，再依据三级控制网放出结构细部尺寸线	
2	地上部分测量施工采用"内控法"	地上部分测量施工采用"内控法"使用激光铅垂仪直接架设在控制点上向上部楼层投测。为保证投点位置的精确，每隔 50m 左右对塔楼控制网进行轴线系统迁移，并用 GPS 复测。施工完成后，将下部的控制网转移至该层楼面，在没有布网的楼层留设 200mm × 200mm 的投测孔洞。测量时，架设铅直仪于控制点上，向作业楼层投测，在每一点铅直仪要旋转 0°、90°、180°、270° 四个方向投点，绘出十字线，交点即为投测点，作为上部楼层的平面控制点	

投测完成后，用全站仪检查各投测点之间的间距、对角线长度是否相等，全站仪应进行温度和气压改正；若间距、对角线、角度超限，则重新投测。

某工程平面控制网传递如图 4-3 所示：

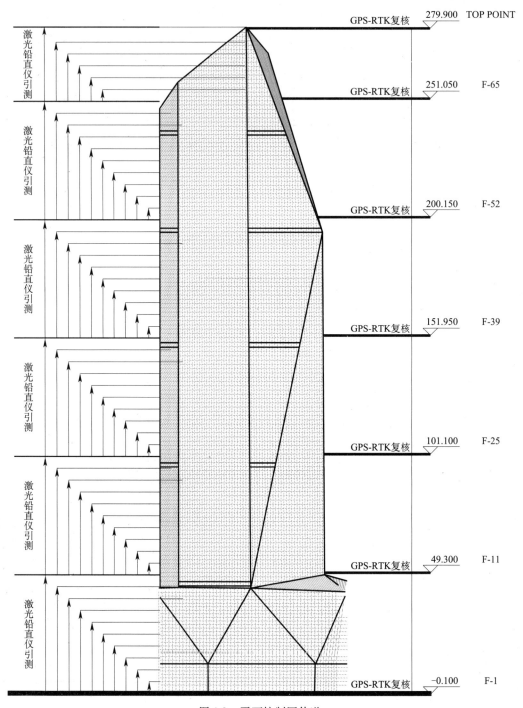

图 4-3　平面控制网传递

3. 高程控制网的建立与引测

1）高程控制网的建立

首级高程控制网为业主提供的城市高程控制网（点位与首级平面控制网相同，由业主提供），首级高程控制引测前应使用电子精密水准仪并采用往返或闭合水准测量的方法复核。施工现场内布置二级高程控制网，与建筑物四周二级平面控制点合二为一，作为施工现场测量标高的基准点使用。由于受场地限制，二级高程控制点布置在易发生沉降部位，因此要定期检测高程点的高程修正值，以及时进行修正。

2）高程控制点的引测

（1）首层标高 +1.000m 标高引测：

用精密水准仪按照国家二等水准测量规范要求，在首层平面及核心筒易于向上传递标高的位置布设高程基准点，经与场区高程控制点以三等水准测量精度联测后，标注"▼"红色油漆标记和建筑标高，如图 4-4 所示。

图 4-4　首层标高 +1.000m 标高引测

（2）地上各层 +1.000m 标高基准点测量引测：

地上楼层基准标高点用全站仪竖向激光测距每次从首层楼面每 50m 左右引测一次，50m 之间各楼层的标高用钢卷尺顺主楼核心筒外墙面往上量测。

某工程高程控制点引测如图 4-5 所示。

二、变形控制

1. 施工过程变形的产生及影响

处于施工中的高层建筑是一个时变结构体系。这种时变性表现在：随着施工过程的推进，结构的整体刚度、边界约束、荷载状况在不断地改变；由前期结构发生的徐变以及施工误差而产生的几何位移也在改变，并且下层的变形不受上层的约束，对上层起着弹性支座的作用；混凝土弹性模量随龄期的增加而增长导致的结构刚度不断改变。此时，结构的内力及变形规律就和设计阶段的模型不同。由于施工进程的关系，结构中各个部位的承重构件加载龄期和应力水平各不一样，从而导致竖向徐变发展差异，而徐变引起的变形值往往是弹性变形的 2~3 倍。

超高层建筑施工过程中，受结构自重、施工荷载、混凝土收缩、徐变等问题的影响会产生一定的压缩变形。该压缩变形导致建筑标高、层高与结构设计值存在一定的差异，这种差异性将造成内外筒间的连系构件出现较大的内应力，尤其是在刚度较大的部位，由变形差产生的结构内力更为明显。内外筒出现变形差异的诱因主要包括：

（1）塔楼内、外筒施工不同步。超高层建筑中内筒竖向结构往往先于外筒 5~8 层施工，内筒先于外筒变形。随着顶模在超高层建筑的使用，这种差异甚至能达到 10 层以上。

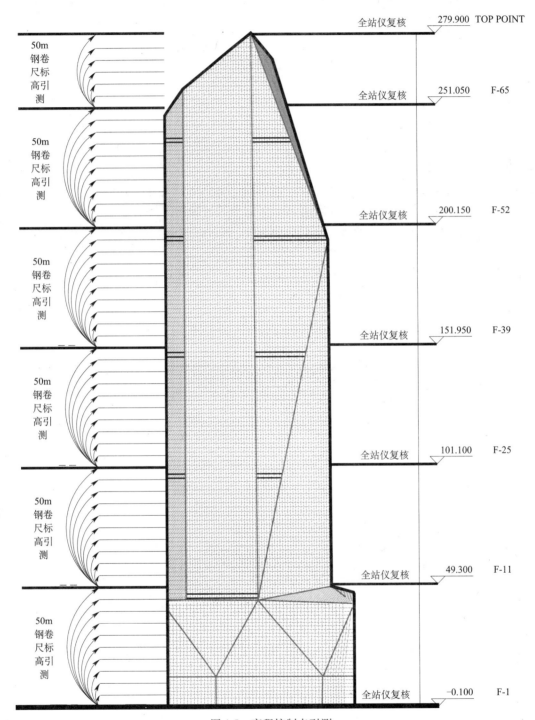

			全站仪复核	▽	279.900	TOP POINT
50m钢卷尺标高引测						
			全站仪复核	▽	251.050	F-65
50m钢卷尺标高引测						
			全站仪复核	▽	200.150	F-52
50m钢卷尺标高引测						
			全站仪复核	▽	151.950	F-39
50m钢卷尺标高引测						
			全站仪复核	▽	101.100	F-25
50m钢卷尺标高引测						
			全站仪复核	▽	49.300	F-11
50m钢卷尺标高引测						
			全站仪复核	▽	-0.100	F-1

图 4-5　高程控制点引测

（2）内筒主要以混凝土结构为主，含钢率较低，外筒则完全由钢结构组成。钢材与混凝土材料弹性模量的差异也是导致压缩差异的重要因素。

（3）除了外荷载作用外，混凝土还会因收缩、徐变产生压缩变形，且历时较长，甚至在结构封顶后的两三年内仍在持续。而钢材的变形则主要是荷载作用下的瞬时变形。

基于以上分析，超高层塔楼施工过程应进行塔楼整体施工过程中的压缩变形分析，从而掌握塔楼竖向变形的规律以及内外筒之间的竖向变形差异。在此基础上优化施工工序，调整工期，在必要时对楼层施工进行一定的预调，从而确保塔楼施工过程不会因为竖向位移导致结构形态与结构设计出现明显差异，或因为内筒与外框之间的变形差异导致较大的结构内力。

2. 变形控制的措施

1）竖向承重构件补偿施工

钢框架－钢筋混凝土核心筒体系的钢框架柱在施工时一般将若干层作为一段进行吊装，把这若干层结构称为一个施工段。显然，钢框架在施工中没有现浇混凝土建筑物那么多自由的自身补偿。因此，为了避免发生过大的总误差，可提出预先校正柱长的方法，使得柱顶标高在指定高程处得到校核。施工时，可根据补偿方案，对钢框架柱每个施工段的下料长度考虑预留量或设置垫片。对结构实施施工补偿的方式有很多，但一般来说，补偿越精确，施工就越复杂。因此，必须在补偿的精确度和方便性之间寻求一个合适的位置。

钢框架－钢筋混凝土核心筒体系的竖向变形差异常用的补偿方案有：

（1）逐层精确补偿；

（2）各施工段内均值补偿；

（3）各施工段顶部一次补偿；

（4）结构全部楼层均值补偿；

（5）楼层组优化补偿。

某工程结构全部楼层均值补偿方案如表 4-6 所示：

表 4-6

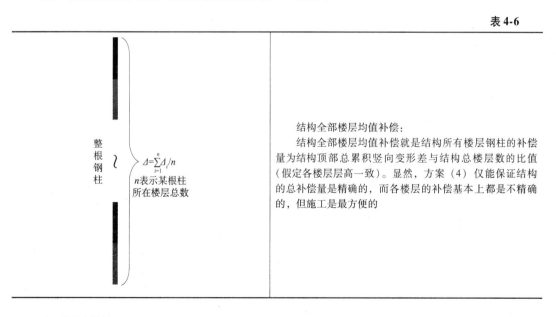

结构全部楼层均值补偿：
　　结构全部楼层均值补偿就是结构所有楼层钢柱的补偿量为结构顶部总累积竖向变形差与结构总楼层数的比值（假定各楼层层高一致）。显然，方案（4）仅能保证结构的总补偿量是精确的，而各楼层的补偿基本上都是不精确的，但施工是最方便的

2）预埋件施工

随施工过程发展的竖向变形差，会引起连接竖向承重构件的钢框架梁产生附加内力，在某些支座处，这些附加内力与正常使用期间荷载产生的内力反号，因而会给梁的结构安全带来隐患。为减小这一影响，在施工中将预埋件的施工按照该层核心筒竖向累积变形的

"将发生值"确定预埋标高，并加长埋件竖向尺寸，可减小内外筒压缩变形差给钢梁连接带来的定位误差。

3）施工期间变形监测

高层建筑结构的变形监测，为结构施工期间的变形状态提供了实时数据。通过对变形数据的分析和与理论计算的对比，就可以知晓结构体系在当前施工进程下的变形状态，并为确定下一个施工阶段的变形控制措施提供了决策依据。通过"监测—施工调整—监测—再调整"这样不间断的控制循环，就能使整个施工阶段高层建筑结构的变形处于可控状态。

某工程施工期间变形监测如图 4-6 所示。

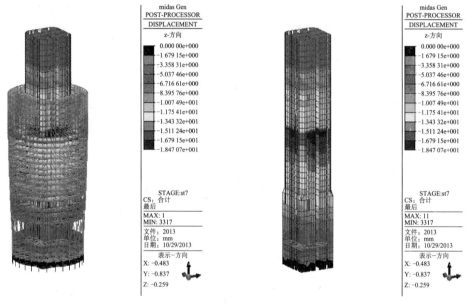

图 4-6 某工程施工期间部分变形监测图

3. 钢柱的安装测控

超高层建筑钢柱从吊装就位即开始测控，至移交焊接施工到焊后柱顶标高整体复核，安装过程主控钢柱垂直度、扭转度、柱顶平面坐标观测及累积误差消除、柱顶标高累积误差消除。下面以广州东塔项目上的巨型钢柱示例介绍。

1）标准层测校流程

标准层测校流程如图 4-7 所示。

2）钢柱就位

钢柱吊装接近就位，根据柱壁内焊接衬板卡位滑入就位。穿入安装螺栓，临时固定。

3）钢柱垂直度初校

对于上部结构、片区连续安装的单件长细比较大的钢柱（包括巨柱分节长度在 2 层 1 段以上）进行垂直度初校，初校对象选取原则为"小、长、多"。钢柱安装就位后，柱顶拉设缆风绳。在与钢柱连线相互垂直的方向架设全站仪或经纬仪，整平水平刻盘后，竖丝对齐钢柱立边，锁定水平度盘，移动竖盘调整视准轴仰角进行钢柱垂直度初校。发现物镜竖丝与柱立边发生重叠或偏离后，在相应偏离方向上用捯链拉动缆风绳校正钢柱。初校完成，拧紧安装螺栓螺母。

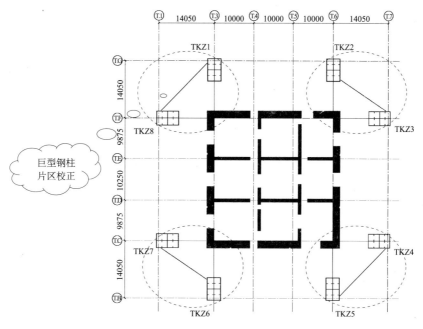

1.角部形成片区后进行测校

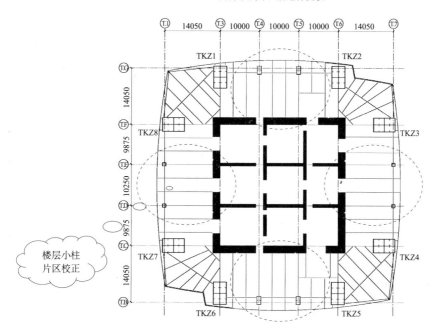

2.楼层四边小柱形成片区后进行测校，后安装次梁

图 4-7　标准层测校流程

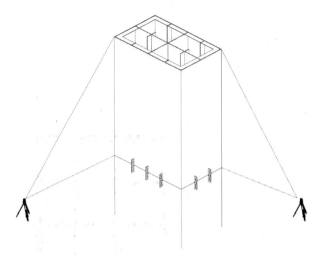

4）钢柱垂直度精校

先根据在在测量观测平台上架设全站仪，后视定向。在柱顶立镜观测对角点坐标（或测柱中心及一牛腿中心坐标），比对柱顶设计坐标，校正钢柱垂直度及标高；根据两点定方向性原则，比对观测数据 XY 坐标，校正钢柱扭转度。

巨柱由于其截面大，柱顶控制点测控 4 角点或 4 顶边中点，校正垂直度及扭转度。钢柱垂直度精校如图 4-8 所示。

根据比对的坐标偏差及扭转度，松开安装螺栓螺母，用千斤顶侧向校正垂直度及竖向校正标高。固定托架与校正措施如图 4-9 所示。

校正完成，复核整体或片区标高无误，移交焊接施工工序。

5）钢柱柱顶安装焊后观测

标准层安装完成（根据分段，主要指外筒巨柱安装完成），在一节钢柱顶端架设整体复核外筒巨柱柱顶标高，比对设计值，形成下节钢柱安装标高预控数据。对于标高超差的钢柱，可切割上节柱的衬垫板（3mm 内）或加高垫板（5mm 内）进行处理，如需更大的偏差调整，将由制作厂直接调整钢柱制作长度。本工程下部构件分节短，对于分段长度 1 层 1 节以下的，可一个或几个标准层复核一次，形成周期性误差消除机制。

4. 钢板剪力墙安装测控

1）核心筒墙内双层钢板剪力墙的安装测控

双层钢板剪力墙一般布置于核心筒外墙体内，分布于楼层面内钢板墙长度长，根据构件分段，同层构件安装整体标高需统一。安装过程主控构件安装垂直度、同层构件整体直线度、整体顶面平整度。

（1）安装就位：

根据上层钢板剪力墙焊后整体标高复核数据，对构件预控处理（参见钢柱标高复核）。

双层钢板剪力墙吊装接近就位，根据建力墙壁内焊接衬板卡位滑入就位，存在水平对接的构件根据竖焊缝衬板及连接耳板初步就位，安装螺栓穿夹板连接安装耳板临时固定。

（2）垂直度初校：

对于直线形或者独立柱型钢板剪力墙，用全站仪在相互垂直的方向上校正剪力墙垂直度，校正方法拟钢柱垂直度初校，L 形钢板墙可直接利用衬板滑入、耳板连接就位，拧紧安装螺栓。

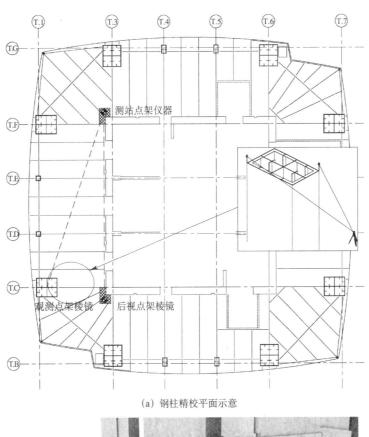

（a）钢柱精校平面示意

（b）钢柱精校轴线测控

图 4-8 钢柱垂直度精校

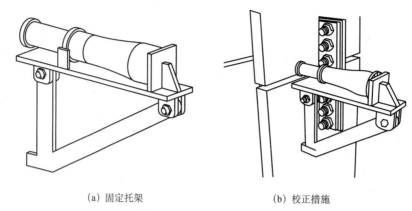

　　　　（a）固定托架　　　　　　　　　　　（b）校正措施

图 4-9　固定托架与校正措施

（3）双层钢板剪力墙顶面坐标测控与墙体直线度控制：

构件安装就位，测控竖向隔板中点坐标，剪力墙两端中点连线或角部与端部中点间弹，比对水平对接接缝处中点偏移及中点坐标设计值校正钢板剪力墙宽度方向中心轴线，控制单片墙体直线度及整体墙体直线度。

（4）地下室双层钢板剪力墙测控：

双层钢板剪力墙安装就位，外控法测控轴线度。

照准基坑外控制点后视定向，在构件宽度方向中点立镜，测量点平面坐标，根据设计值进行顶端定位校正。平面坐标校正后，依据楼层标高控制线用水准仪测量构件顶端标高，用千斤顶校平。存在水平对接的构件，根据两端边中点绷线比对对接边中点偏差，用千斤顶校正。地下室双层钢板剪力墙测控如图 4-10 所示。

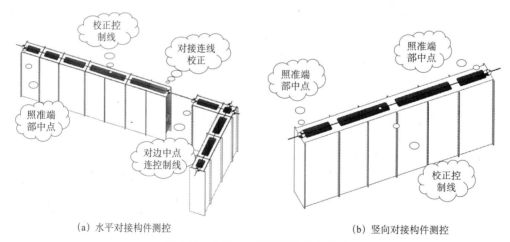

　　　（a）水平对接构件测控　　　　　　　　　　（b）竖向对接构件测控

图 4-10　地下室双层钢板剪力墙测控

（5）地上双层钢板剪力墙测控：

双层钢板剪力墙安装就位，竖向投递控制点位至顶模操作平台 4 个端点位置（桁架上），架设全站仪进行轴线校正。每次顶模系统顶升后，重新从下方基准点位竖向投递控制点，经闭合平差改正后作为控制点坐标数据。

顶模桁架下弦距离钢模顶面 6.00m，标准层核心筒墙体混凝土浇筑后，钢板剪力墙通常高于混凝土面 1.20m。根据双层钢板剪力墙分段 4.50m，构件安装就位，顶端标高离顶模桁架下弦 300mm（标准层通常 4.50m），桁架上下弦高差 2.40m，剪力墙顶端距离控制点位竖向高差 2.70m。地上双层钢板剪力墙测控如图 4-11 所示。

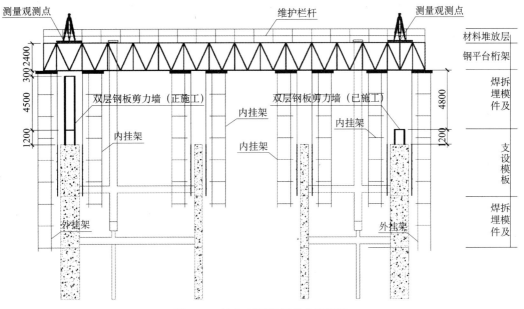

图 4-11　地上双层钢板剪力墙测控

采用坐标法观测时，全站仪架设后近端俯角较大。依据控制点布设，划分控制点测控区域，保证全站仪照准棱镜时俯角小于 30°及降低棱镜高，测量精度受控。

顶模系统上双层剪力墙控制点布设详细见图 4-12。

控制点测控区如图 4-13 所示。

松开安装螺母，坐标法观测柱顶宽度中点三维坐标，照准值与设计值坐标比对偏差，用千斤顶校正。如图 4-14 所示。

校正完成，拧紧安装螺栓螺母，移交焊接工序。

（6）同层钢板剪力墙顶面平整度复核

焊接完成后，用水准仪测量构件顶面高差，复核整体构件顶面平整度。比对设计值，形成下节构件安装标高预控数据。预控方式参见钢柱安装测控，此处不再赘述。

地下室阶段可直接将仪器架设在钢板剪力墙顶面，后视已放楼板标高线，在其他构件顶面立尺进行高差观测，计算整体平整度。

进入标准层施工，根据控制点布设，在顶模系统顶面控制点上架设水准仪进行高差观测，由于高差较大，水准尺采用塔尺。每次顶模系统顶升后，需重新投点并进行高差闭合计算。如图 4-15 所示。

2）核心筒单层钢板剪力墙的安装测量

一般单层钢板剪力墙端部与劲性钢柱连接，整体吊装就位。安装过程主控立面垂直度。

（1）初步就位：

由于单层钢板剪力墙由于底部截面小，容易发生倾斜。单板剪力墙吊装依靠单板墙两

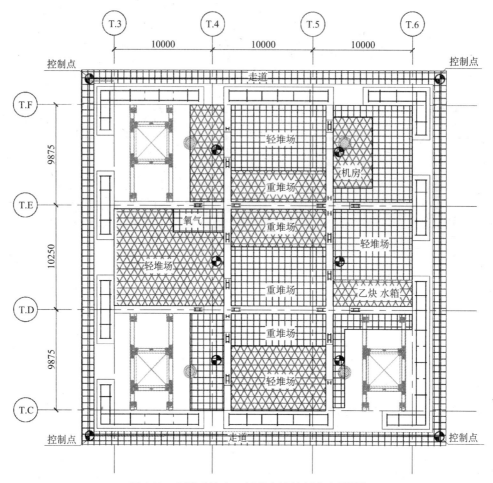

图 4-12　顶模系统上双层剪力墙控制点布设详细

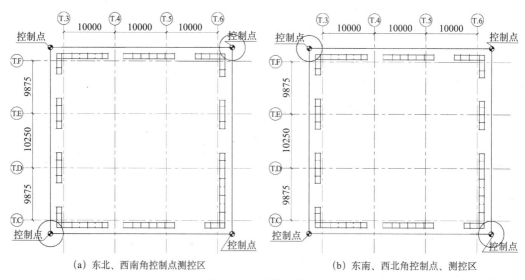

（a）东北、西南角控制点测控区　　　　（b）东南、西北角控制点、测控区

图 4-13　控制点测控区

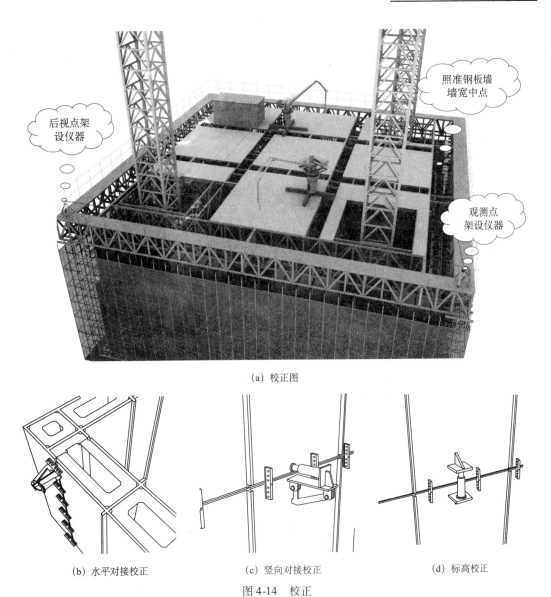

(a) 校正图

(b) 水平对接校正　　　(c) 竖向对接校正　　　(d) 标高校正

图 4-14　校正

端钢柱及水平对接耳板穿螺栓对位，在垂直墙体方向拉设双向缆风绳，缆风绳沿墙体方向 2m 一对布设，拉紧捯链，在竖向对接位置点焊马板临时固定。初步固定后操作工通过爬梯松开吊钩。如图 4-16 所示。

　　第一段单板墙安装时底边竖向无对接，须在混凝土顶面内预埋措施埋件，楼板混凝土浇筑完成后，在埋件上测放剪力墙底端控制线，做单板剪力墙底端临时固定（单板墙第一段就位后，下底边与埋件点焊牢固）。

　　（2）立面垂直度校正：

　　全站仪在轴侧方向架设，调平后竖丝观测校正单板墙端部（劲性钢柱或对接立边）垂直度，拉动捯链校正垂直度。立面垂直度校正如图 4-17 所示。

图 4-15　高差观测

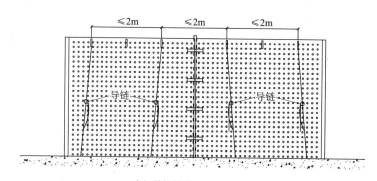

（a）单板墙缆风绳正立面

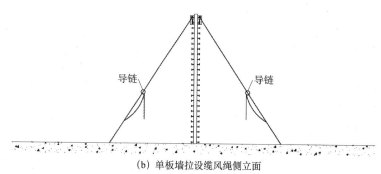

（b）单板墙拉设缆风绳侧立面

图 4-16　单板墙缆风绳

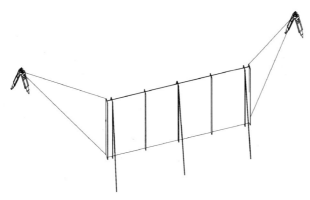

图 4-17　立面垂直度校正

劲性柱间、劲性柱与水平对接边间、水平对接边与水平对接边间单板过渡区垂直度自顶端吊线坠控制。

第三篇 工程案例篇

第一章 工程简介

第一节 工程总体概况

广州周大福金融中心（图1-1）由广州市新御房地产开发有限公司开发，设计单位为广州市设计院，结构顾问为奥雅纳工程咨询（上海）有限公司深圳分公司，监理单位为广州珠江工程建设监理有限公司，由中国建筑股份有限公司承建。

项目总建筑面积50.6988万平方米，其中地上40.3541万平方米，地下10.3447万平方米，塔楼建筑总高度530m。本项目是集办公、酒店、商业、公寓于一体的大型综合项目，其中主塔楼高530m，地上111层，地下5层；裙楼9层，高60m，具有塔楼超高、体量庞大、基坑深、项目内场地狭小、周边环境复杂、施工专业及作业面众多、工序穿插复杂、总承包管理困难等诸多施工技术及管理难题。

图1-1 广州周大福金融中心

第二节 工程周边概况

广州周大福金融中心项目位于广州珠江新城 CBD 中心地段，东面紧邻两个在建项目 J2-2 和 J2-5，南面为文化娱乐区，包括广州市歌剧院、广东省博物馆、广州第二少年宫及广州市图书馆，北面紧邻地铁 5 号线和主干线花城大道、西边紧靠珠江东路。如图 1-2 所示。

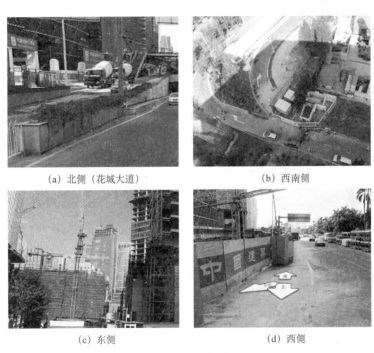

(a) 北侧（花城大道）　　　　　　　　(b) 西南侧

(c) 东侧　　　　　　　　　　　　　(d) 西侧

图 1-2 工程周边概况

第三节 项目组合结构基本情况

一、钢结构概述

本工程塔楼主体结构（图 1-3）由钢筋混凝土核心筒（内含型钢）、8 根巨型柱与 6 道环桁架组成的巨型框架，以及协同核心筒和巨型框架共同受力的 4 道伸臂桁架，形成带加强层钢管混凝土巨型框架＋筒体结构。其中，环桁架分布于 23L、40L、56L、67L、79L 和 92L，核心筒 16 层以下为双层钢板剪力墙，16～32 层为单层钢板剪力墙，外框巨柱最大截面 3500mm×5600mm，钢结构总用钢量约 9.7 万吨。

二、混凝土概述

东塔混凝土总共约 29 万立方米，外框巨柱为 C80 高强混凝土，具体详见表 1-1。

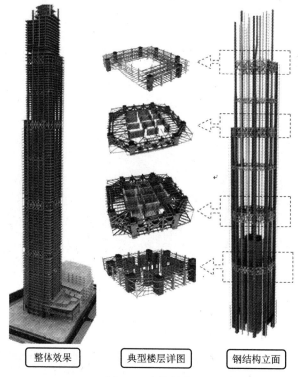

整体效果　　　典型楼层详图　　　钢结构立面

图 1-3　主体结构

混凝土概述　　　　　　　　　　　　　　　　　表 1-1

	构件位置	混凝土等级
混凝土强度等级	裙房及地下室柱	C60
	裙房及地下室墙	C40
	塔楼剪力墙	C40
	塔楼剪力墙、连梁、型钢混凝土柱	C60
	梁、板（含楼梯板）、楼梯墙	C35
	组合楼板	C35
	外框型钢巨柱	C80（B5-L68）
	外框型钢巨柱	C60（L69-屋顶）

三、组合结构分布

1. 塔楼典型楼层巨柱平面分布

典型楼层平面概况如图 1-4 所示。

2. 塔楼典型巨柱截面尺寸

塔楼典型巨柱截面尺寸如图 1-5 所示。

3. 塔楼桁架层结构概况

塔楼桁架层结构概况如图 1-6 所示。

4. 核心筒钢板剪力墙分布概况

塔楼双层钢板剪力墙布在 B4～16F，单层钢板剪力墙分布在 16～32F。双层钢板剪力墙如图 1-7 所示。

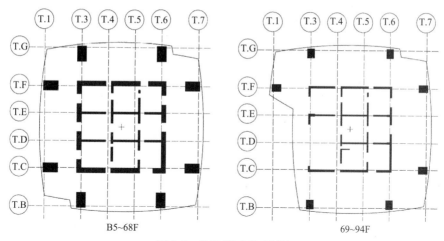

图 1-4 典型楼层平面概况

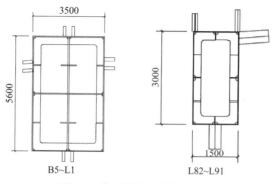

图 1-5 典型楼层巨柱截面概况

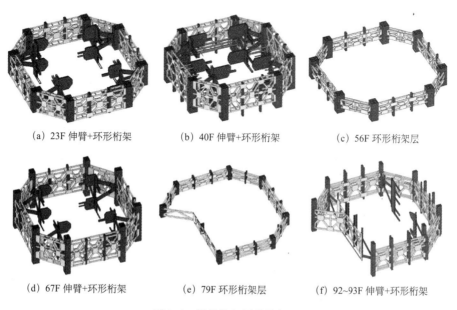

(a) 23F 伸臂+环形桁架　　(b) 40F 伸臂+环形桁架　　(c) 56F 环形桁架层

(d) 67F 伸臂+环形桁架　　(e) 79F 环形桁架层　　(f) 92~93F 伸臂+环形桁架

图 1-6 塔楼桁架层结构概况

图 1-7　双层钢板剪刀墙

第二章　组合结构构件施工

第一节　钢管混凝土柱施工

一、钢管混凝土柱分布概况

广州东塔采用 8 根钢管混凝土巨型柱内灌注高强度混凝土形式，巨柱截面随楼层增加分阶段缩小，以靠塔楼外一面平齐，其他三面往内收缩，具体分布详见图 2-1。

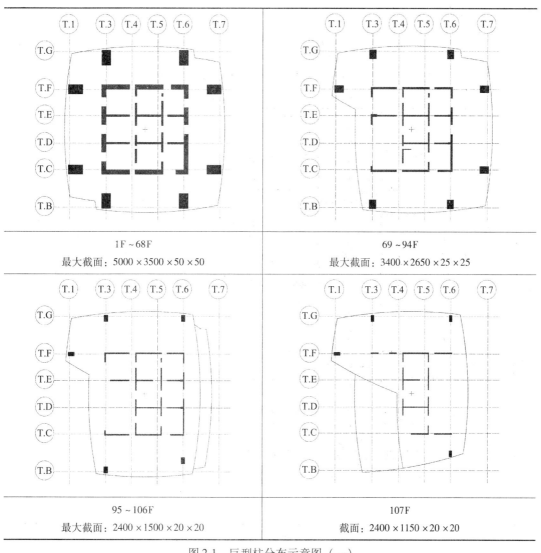

1F~68F	69~94F
最大截面：5000×3500×50×50	最大截面：3400×2650×25×25
95~106F	107F
最大截面：2400×1500×20×20	截面：2400×1150×20×20

图 2-1　巨型柱分布示意图（一）

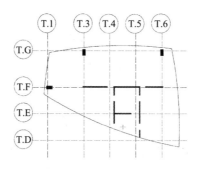

108～112F

截面：2400×1150×20×20

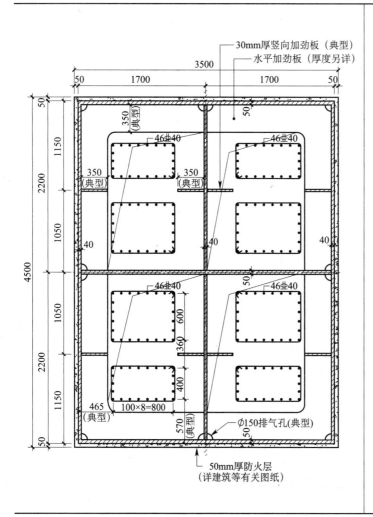

图 2-1　巨型柱分布示意图（二）

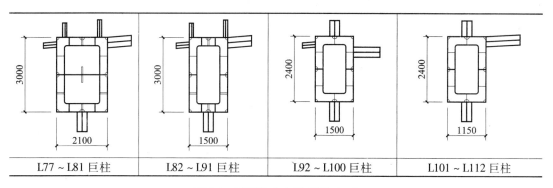

图 2-1　巨型柱分布示意图（三）

二、施工工艺流程

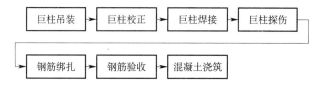

三、主要技术措施

1. 巨柱的分段

主塔楼地上巨型钢柱的分段考虑到塔式起重机的吊装性能、地面起吊点布设及现场施工平面的统一部署，TKZ1～TKZ8 分为 76 节吊装，最重构件 65t（在塔式起重机覆盖范围 32m 以内）。地上 1F～41F 一层一节，42～76F 两层一节，77F～112F 四层。

2. 巨柱的吊装

1）安装前，应在钢柱上将登高扶梯和操作挂篮或平台等临时固定好。

2）起吊时，柱根部不得着地拖拉。

3）吊装应垂直，吊点宜设于柱顶。吊装时，严禁碰撞已安装好的构件。

4）就位时，必须待临时固定可靠后方可脱钩。

巨柱吊装效果如图 2-2 所示。

图 2-2　巨柱吊装效果图

巨柱吊装临时连接板布置图如图 2-3 所示。

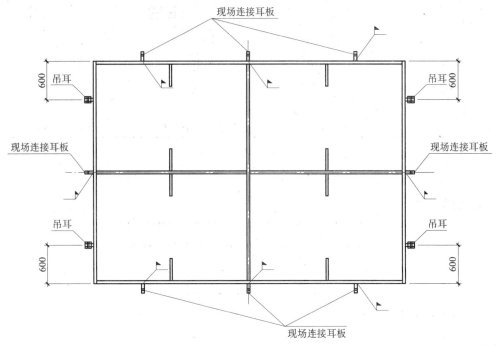

图 2-3　巨柱吊装临时连接板布置图

3. 巨柱的校正

巨形箱体的校正主要在二维轴线、垂直度和标高三个方面控制。构件临时就位后，通过全站仪控制纵横 4 个控制点连线，控制 x、y 方向位置，进而校准垂直度，最后用水准仪复核顶部标高。通过 3 个步骤实现巨形箱体对接面平面扭曲和立面垂直度的精确校核。确定偏差数值后，在断面上放置 6 个校正点，采用 32t 千斤顶由 4 个点位校正平面扭曲、2 个点位校正高程。构件进场验收采用全站仪三维坐标测量拟合法，检查整体外观尺寸偏差，同时确定与下节钢柱对接就位时的精度控制。巨柱标高及平整度校正模拟图如图 2-4 所示。

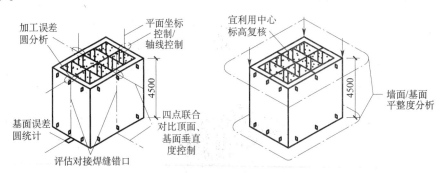

图 2-4　巨柱标高及平整度校正模拟图

4. 巨柱的焊接

巨形箱体超长截面在施焊过程中容易引起收缩变形，导致焊缝断面上出现波浪形情况，影响焊接质量。在焊接过程中采用多点位夹板约束、多人同步对称焊接的方法。巨形柱在外围布置 10 名焊工同时施焊，内侧布置 4 名焊工同时施焊。多人焊接容易相互影响，在每个作业区间设置竖向挡板，开设焊接过孔，满足施焊要求。

为避免因外侧焊接导致腔体温度过高的情况，内外腔体焊缝采用先焊内侧后焊外侧的顺序。巨形箱体内最小作业空间仅为 300mm，焊接产生的大量烟气会对焊工作业产生很大的影响，存在安全隐患。采用在箱体顶部设置排气扇的方法，与外侧焊缝的坡口间隙形成空气对流，施焊全过程派专人旁站，确保作业安全。

对接焊缝采用多道成型的施焊工艺，每道焊缝采用三角形堆焊的工艺，提高焊缝成形质量。在多人焊接区间重叠位置过焊 50mm 的搭接长度，实现每个焊道均匀错开。打底层采用 4 个角点同时对向施焊，使得第 1 道打底焊缝成型后约束焊接变形，再进行连续施焊。通过打底层→填充层→面层三道工艺，确保焊缝质量和外观效果。电流控制采用打底层和盖面层小电流、填充层大电流的方式。焊接顺序如图 2-5 所示。

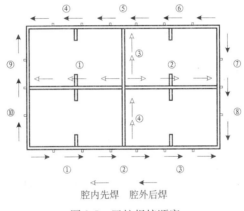

图 2-5　巨柱焊接顺序

5. 巨柱的钢筋绑扎

巨柱内主筋最大直径为 $\phi40$，根据 4.5m 的柱高，考虑单根下料 4.5m，重约 40kg。单腔内钢筋数目最多为 104 根。箍筋最大直径 $\phi14$，间距 200mm。

施工时，用塔式起重机将钢筋分批吊至外操作平台上，然后由工人逐根放入筒中。工人采用钢爬梯进入柱内，为保证工人安全，巨柱顶上需有人看护，进入筒中的工人需绑安全带；此外，为保证足够的通风和防止工人中暑，需配备鼓风机及足够的饮用水，并保证 30min 轮换作业。

图 2-6　巨柱钢筋绑扎实景图

6. 巨柱的混凝土浇筑

1）布料机的选择

根据本工程的施工工艺及施工流程，核心筒与外框布料机分别设置。其中，核心筒布料机固定于顶模桁架上，外框布料机固定于外框钢梁上。内外筒分别设置两台布料机，即本工程共投入四台布料机。考虑到核心筒的长宽尺寸最大均为33.6m，外框箱形钢管混凝土柱施工的布料半径及布料高度，本工程拟选用的布料机为HG19Y，该布料机的布料机半径为18.6m，可满足施工要求。布料杆示意图如图2-7所示。支腿座与压板安装示意图如图2-8所示。

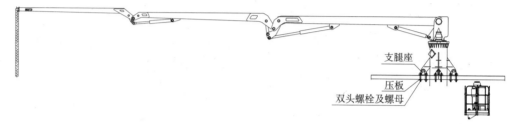

支腿座

压板

双头螺栓及螺母

图2-7　布料杆示意图

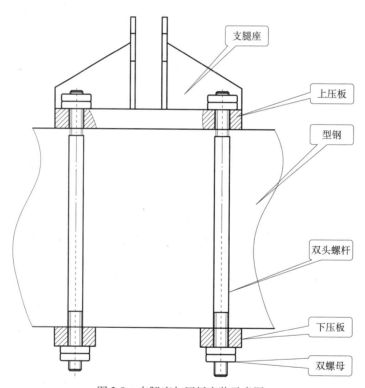

支腿座

上压板

型钢

双头螺杆

下压板

双螺母

图2-8　支腿座与压板安装示意图

2）外框巨形柱施工布料机的布置

将外框巨形柱在1～94分为四个浇筑区域，95～107层分为三个施工区域，L108～L111层分为两个施工区域。其中，1～3层考虑到外框钢梁的安装受顶模影响时间较长，该部分外框钢管柱将提前进行安装，为避免因布料机无法安装到位而影响钢管混凝土的浇筑，对3层以下的钢管混凝土采用56m汽车泵进行浇筑。3层以上采用布料机浇筑。1区、2区使用同一布料机，3区、4区使用同一布料机。如图2-9所示。

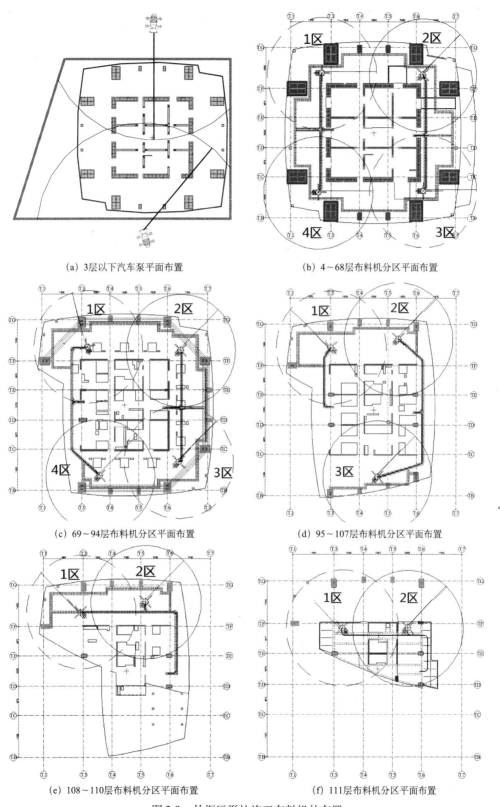

（a）3层以下汽车泵平面布置　　　　（b）4～68层布料机分区平面布置

（c）69～94层布料机分区平面布置　　　　（d）95～107层布料机分区平面布置

（e）108～110层布料机分区平面布置　　　　（f）111层布料机分区平面布置

图2-9　外框巨形柱施工布料机的布置

3）单根混凝土柱浇筑顺序

外框箱形钢管混凝土柱当中部被纵向隔板贯通分隔时，截面形式分为田字分隔和日字分隔两种，具体浇筑顺序如图2-10所示。

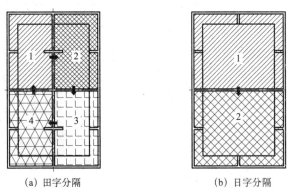

(a) 田字分隔 (b) 日字分隔

图 2-10 箱形钢管柱混凝土浇筑顺序

4）巨柱的浇筑高度和控制

每次浇筑管内混凝土的浇筑高度应控制在泄水孔的位置，以保证用于管内混凝土蓄水养护的养护用水达到集排的作用，避免因管内积水而影响下一次混凝土的浇筑质量。

箱形钢管柱、箱形钢管柱与伸臂桁架层混凝土施工，需分层下料充分振捣，特别是有隔板的部位，需加强振捣；每层控制下料500mm左右。若因施工过程中自由倾落高度大于3m，需采用串筒或软管等措施辅助下料。巨柱钢筋混凝土浇筑面控制示意图如图2-11所示。

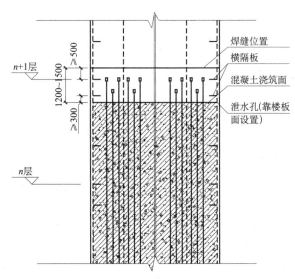

图 2-11 巨柱钢筋混凝土浇筑面控制示意图

第二节 型钢混凝土构件施工

一、型钢混凝土构件分布概况

广州东塔塔楼核心筒32层以下外墙内设置有型钢板，双层钢板剪力墙分布在 B4 ~

16F，单层钢板剪力墙分布在 16～32F，33 层以上型钢板缩减为型钢柱，钢板厚度均为 40mm，钢板通过现场焊接加工成腔体格构式，钢板上按 200mm 或 300mm 间距均匀布置 $\phi19\times100$mm 栓钉，外墙竖向钢筋各两排分布于型钢板外。本工程核心筒外墙混凝土强度等级为 C60，设有钢板墙的外墙最大厚度为 2500mm，钢板墙平面布置图如图 2-12 所示。楼层各参数如表 2-1 所示，结构部位与构件情况如表 2-2 所示。

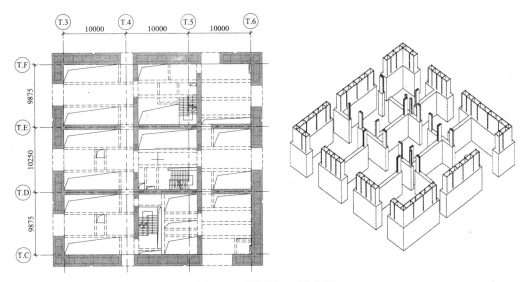

图 2-12　钢板墙平面布置图

楼层各参数　　　　　　　　　　　　　　　　　　　　　　　　　　　　表 2-1

楼层平面	1～32
层　高	L1、L7～L32：4.5m；L2：8.5m；L3～L5：6.0m；L6：4.9m；
外墙厚度	L1～15：1800mm L15～22：1700mm L23～32：1600mm
内墙厚度	L1～15：750mm L15～22：700mm L23～32：600mm
混凝土强度等级	C60

结构部位与构件情况　　　　　　　　　　　　　　　　　　　　　　　　表 2-2

结构部位	构件情况	典型截面形式
核心筒外墙脚	底板为 40 厚钢板，柱脚预埋至混凝土底板面下 2.4m。在与筏板面筋连接处设置一道 50mm 厚加劲肋。设置 $\phi19\times100$mm 栓钉，其间距为 200mm	栓钉 $\phi19$mm×100mm，间距为200mm；加劲板 50mm厚；钢筋连接器；筏板顶面；筏板顶筋；$\phi150$排气孔；2400；100 200；70；$\phi150$排气孔

结构部位	构件情况	典型截面形式
核心筒外墙脚	底板为 40 厚钢板，柱脚预埋至混凝土底板面下 2.4m。在与筏板面筋连接处设置一道 50mm 厚加劲肋。设置 $\phi19 \times 100mm$ 栓钉，其间距为 200mm	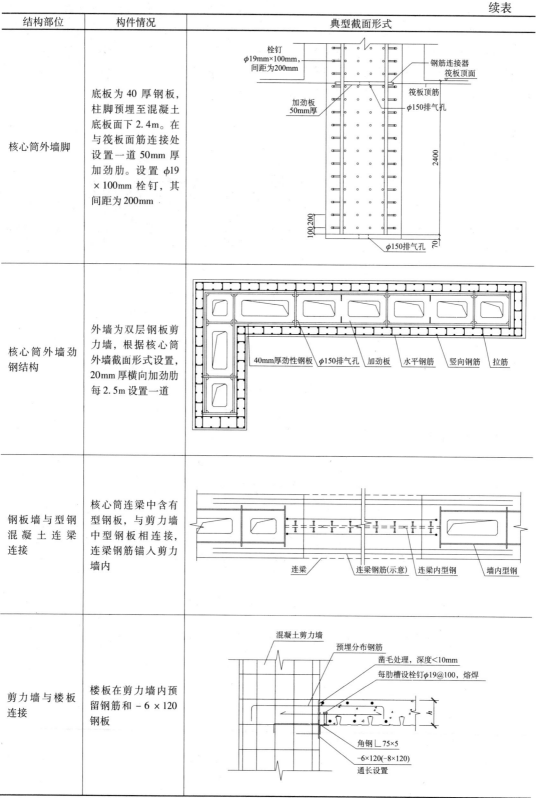
核心筒外墙劲钢结构	外墙为双层钢板剪力墙，根据核心筒外墙截面形式设置，20mm 厚横向加劲肋每 2.5m 设置一道	
钢板墙与型钢混凝土连梁连接	核心筒连梁中含有型钢板，与剪力墙中型钢板相连接，连梁钢筋锚入剪力墙内	
剪力墙与楼板连接	楼板在剪力墙内预留钢筋和 -6×120 钢板	

二、施工工艺流程

钢板剪力墙混凝土构件施工流程如下：

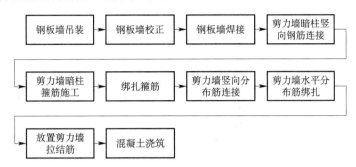

三、主要技术措施

针对项目塔楼 L16 以下核心筒外墙在混凝土内设置有双层钢板剪力墙，从 L16 层开始至 33 层，收缩变化为单层钢板剪力墙，根据现场塔式起重机的吊重、顶模钢平台桁架的施工操作空间，为减少塔式起重机吊次，双层钢板剪力墙最大截面尺寸为 14150mm × 6300mm × 50mm × 50mm，单层钢板剪力墙长度也超过 12m，针对超大截面单层、双层钢板剪力墙的施工，重点是超长钢板剪力墙的精度控制和变形控制。

1. 双层钢板剪力墙分段原则

1）竖向分段

依据设计图纸分析水平隔板位置，分段处避开楼层水平隔板位置且为了利于竖向对接焊缝焊接，任意分段位置上方最近水平隔板与分段封板间距不小于 300mm。层间区域水平隔板根据设计说明及分段后构件顶工艺隔板设置进行调整。

2）水平分段

L 形构件水平分段位置与角部距离不小于 500mm，一字形构件水平分段位置尽量与竖向劲板位置重合，利于构件加工、现场焊接变形控制。在此基础上充分减少分段立焊缝长度，尽量避开墙体开洞区域。

3）桁架节点区设置了大量的现场焊接工艺孔

双板区的工艺孔只开在核心筒外侧的钢板上，内侧的钢板不开孔。单板上开工艺孔时，焊接坡口统一朝核心筒外。

4）重量

钢板剪力墙重量已考虑墙体型钢板、混凝土梁钢筋连接器处水平加劲板、楼层间水平加劲板与栓钉重量，尽量避开墙体开洞区域。

2. 双层钢板剪力墙的吊装

（1）安装前，应在钢板剪力墙上将登高扶梯等临时固定好。

（2）起吊时，根部不得着地拖拉。

（3）吊装应垂直，吊点宜设于钢板墙顶重心位置处。吊装时严禁碰撞已安装好的构件及核心筒顶模平台。

（4）移位时，应缓慢平稳过渡。

（5）就位时必须待临时固定可靠后方可脱钩。

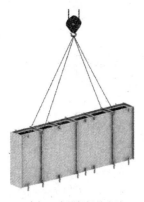 

(a) 一字形钢板剪力墙	(b) L形钢板剪力墙	(c) 门式钢板剪力墙

图 2-13　钢板剪力墙的形式

3. 双层钢板剪力墙的校正

焊接完成后，用水准仪测量构件顶面高差，复核整体构件顶面平整度。比对设计值，形成下节构件安装标高预控数据。预控方式参见钢柱安装测控，此处不再赘述。

地下室阶段可直接将仪器架设在钢板剪力墙顶面，后视已放楼板标高线，在其他构件顶面立尺进行高差观测，计算整体平整度。

进入标准层施工，根据控制点布设，在顶模系统顶面控制点上架设水准仪进行高差观测，由于高差较大，水准尺采用塔尺。每次顶模系统顶升后，需重新投点并进行高差闭合计算。

4. 双层钢板剪力墙的焊接

钢板剪力墙先焊接竖向焊缝，再焊接横向焊缝。当遇交叉焊缝时，先焊接施工焊缝易成型部位，后施工较难部分，节点处须做好清理工作，保证焊接质量。焊接顺序及注意要点如下：

（1）双层钢板剪力墙的焊接分为 1、2 两部分焊接拼装。校正完成后，采取临时固定措施。竖向焊缝位置如图 2-14（a）所示。

（2）每条竖向焊缝安排 3 名焊工（A、B、C 及 D、E、F）同时进行竖向焊缝的焊接，焊接方向为由下到上，焊接时应采用分段跳焊的方式进行，如图 2-14（b）所示。

（3）进行竖向加劲板焊接，由于钢板剪力墙中间部位空间狭小封闭，并且焊接时的高温导致工作空间温度升高，因此安排 5 名焊工（A、B、C、D、E）同时施焊，保证工人拥有足够的空间。

（4）进行钢板剪力墙横向对接焊缝的焊接，在长边方向安排 6 名焊工（A、B、C、D、E、F）同时对称进行焊接，在短边方向安排两名焊工（G、H）同时对称进行焊接。全部焊接完成后，将用于临时固定的连接耳板割除。

5. 单层钢板剪力墙的分段

主塔楼核心筒单层钢板剪力墙立面上每层一段，平面上再根据运输需要分为若干块。每层钢板的构件由工厂运至现场拼装成单片墙再整体吊装。主塔楼核心筒单层钢板剪力墙共分为 80 块，需 48 吊次，最重单片墙 L109 - W1 尺寸为 6800mm × 9325mm × 20mm，重 12.9t。

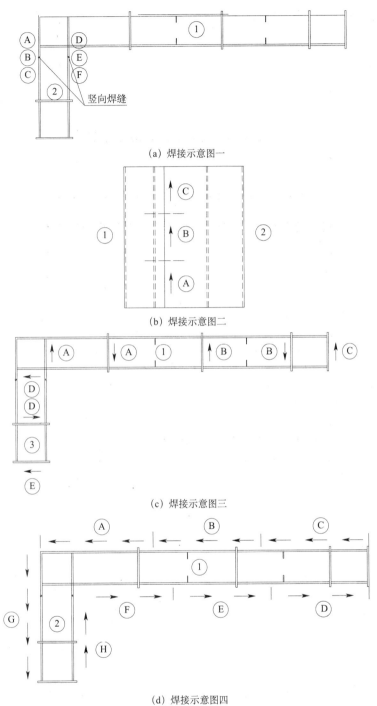

(a) 焊接示意图一

(b) 焊接示意图二

(c) 焊接示意图三

(d) 焊接示意图四

图 2-14　焊接示意图

6. 单层钢板剪力墙的吊装

单层钢板剪力墙吊装采用扁担钢梁（HM450×300×11×18）平衡吊装受力，同时在墙体两面加设 10 号槽钢防止横向变形，保证安装过程的顺利进行。

为保证立板混凝土浇筑前的稳定性，矩形板面长边应贴地安装，需在钢板起始标高处埋设措施埋件，并对每块钢板拉设缆风绳。

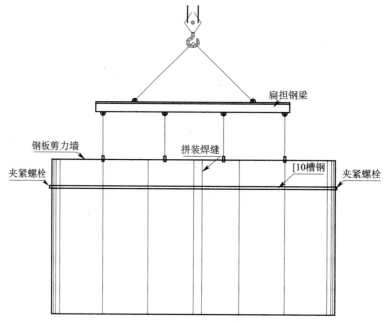

图 2-15 单层钢板剪力墙吊装示意图

7. 单层钢板剪力墙布置

典型楼层单钢板剪力墙对接焊缝焊接内容：其中，W2、W5、W8、W9、W12 钢板剪力墙均只存在水平焊缝对接。图中，W1 + W10、W3 + W19、W4 + W7、W6 + W11 钢板剪力墙对接除了水平焊缝的对接外，还存在立焊缝的对接，单层钢板剪力墙分布图及对接大样图如图 2-16 所示。

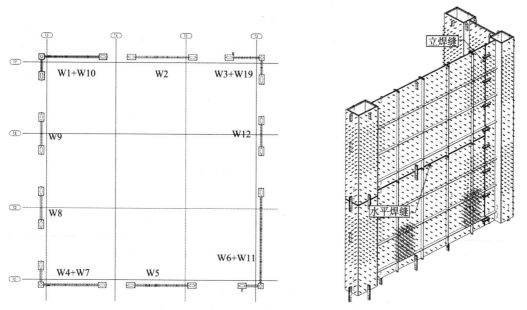

图 2-16 典型单层钢板剪力墙分布及对接大样图

8. 单层钢板剪力墙临时马板的设置

单层钢板剪力墙马板布置原则：同一对接焊缝上，马板布置间距 700～800mm，且钢板墙吊装校正完毕后，每条焊缝至少焊接两道马板，以增强钢板墙对接临时固定强度；在对接焊缝未施工完毕时不允许拆除马板，待钢板墙对接焊缝完全冷却并达到连接强度后才能进行马板的割除，割除时不允许伤害母材。

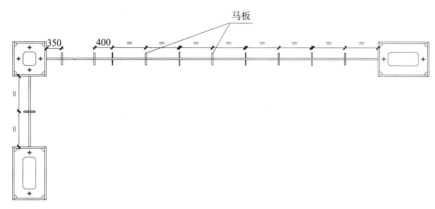

图 2-17　单层钢板剪力墙 W1 + W10 马板布置

9. 单层钢板剪力墙焊接施工顺序

单层钢板剪力墙分为水平焊缝施工及立焊缝施工，每一片钢板墙总体焊接顺序为先焊接水平对接焊缝，水平焊缝焊接完毕并冷却后，对竖向对接立焊缝进行焊接，水平焊缝及立焊缝焊接顺序及方式如图 2-18 所示。

单层钢板水平焊缝焊接顺序：按图中编号，W1-DS-23b 安排两人进行反向焊接，即首先安排两名焊工进行①焊缝的焊接，其次进行②焊缝的焊接，最后进行③焊缝的焊接；W10-DS-23 安排两名焊工同时进行①焊缝的焊接。

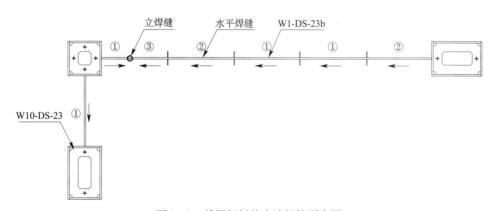

图 2-18　单层钢板剪力墙焊接顺序图

10. 型钢混凝土墙的钢筋绑扎

在完成钢板剪力墙的吊装、焊接、探伤后，开始进行剪力墙钢筋的绑扎，具体的剪力墙绑扎流程如下：

因核心筒 32F 以下剪力墙内有型钢板，会造成普通穿墙对拉螺杆无法正常施工，项目

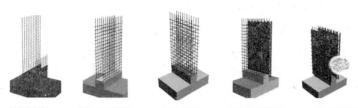

单侧钢筋　→　绑扎水平钢筋　→　拉钩绑扎　→　验收单侧模板　→　封双侧模板

图 2-19　剪力墙施工流程图

专门设计了一种少穿墙上下对锁大钢模板，通过在钢模板背部合理的布置小桁架，达到大幅度提高钢模板的平面外刚度，增加对拉螺杆间距，减少穿墙对拉点数量的目的，对拉螺杆只需设置上、中、下三道，第一、三道对拉螺杆允许竖向偏差为 ±4cm，允许水平向偏差为 ±2cm；第二道对拉螺杆水平和竖向允许偏差均为 ±4cm。

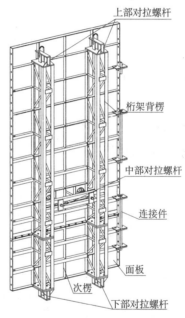

图 2-20　螺杆竖向定位

　　采用新设计的大钢模板可避免在钢构件上进行开孔施工，一方面避免了对结构构件的开孔，削弱构件截面，也无需进行开孔后的构件补强。板筋预埋弯折示意图如图 2-22 所示。

　　钢筋调直后示意图如图 2-23 所示。

　　11. 型钢混凝土墙的混凝土浇筑

　　因塔楼 L6 层以上使用顶模工艺，其爬升步距为 4500mm，整个核心筒混凝土采用两台固定泵，3 层以下采用混凝土汽车泵施工，4～21 层采用 HBT60 低压泵，21 层以上采用 HBT90 超高压泵，顶模平台设置两台固定于钢桁架的 A、B 布料机配合浇筑。布料机布置图如图 2-24 所示。

　　核心筒混凝土采用 ZX50 型振动棒实施振捣，按顶模爬升步距（4500mm），我们将 32 层及以下每层核心筒剪力墙分为 8 层浇筑，32 层以上每层分 6 层浇筑。采用两台泵浇筑，每层浇筑时间约 15h。若因施工过程中自由倾落高度大于 3m，需采用串筒或软管等措施辅助下料。混凝土浇筑方向示意图如图 2-25 所示。

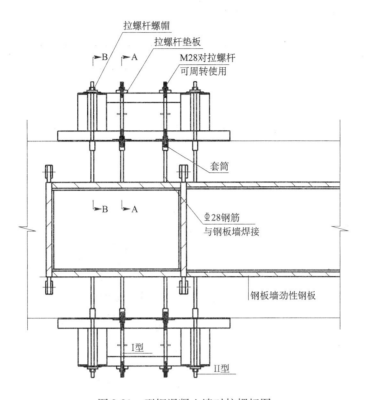

图 2-21　型钢混凝土墙对拉螺杆图

要求对此拉螺杆（套筒）的水平方向定位误差在 ±20mm 范围内，垂直方向定位误差 ±40mm 范围内

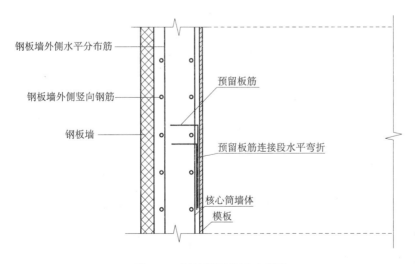

图 2-22　板筋预埋弯折示意图

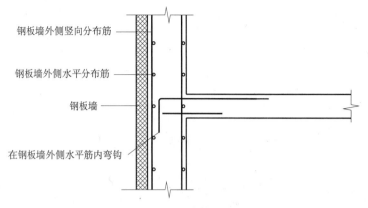

图 2-23 板筋调直后示意图

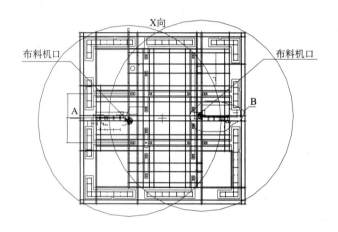

图 2-24 布料机布置图

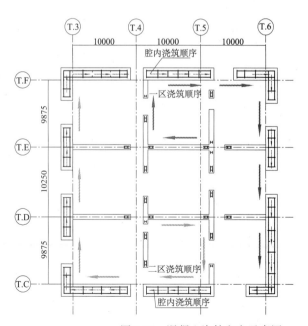

图 2-25 混凝土浇筑方向示意图

第三节 组合楼板施工

一、施工工艺流程

1. 压型钢板的施工工艺流程

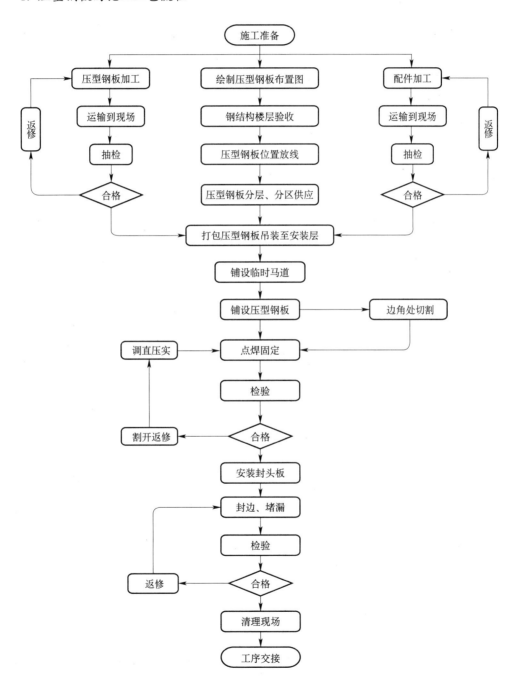

2. 栓钉施工工艺流程

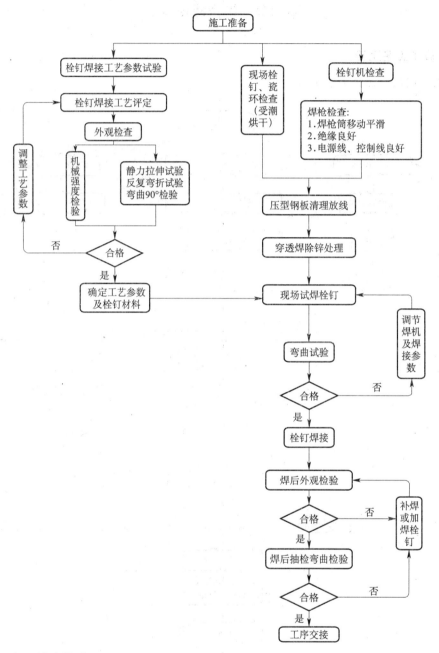

二、主要技术措施

1. 压型钢板铺设

压型钢板铺设前，先焊接好支撑角钢。按图纸在外框柱和核心筒墙体上测量放线，按指示线安放支撑角钢，首先点焊固定，然后按图纸要求施焊。

铺设压型钢板时，为保证质量，先按排板图弹出基准线，按基准线进行铺设。铺设后及时点焊牢固，压型钢板面应紧贴梁面，在压型钢板端头处安装封头板。

2. 压型钢板的安装方法

压型钢板铺设前，将压型钢板、梁面清理干净，首先按图纸要求在梁顶面上弹出基准线，然后按基准线铺设压型钢板（搭接长度≥50mm），压型钢板大样图如图2-26所示。

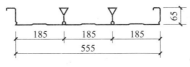

图2-26　压型钢板大样图

压型钢板安装分东、西、南、北四个面进行，每个面按照先里后外的原则铺设，即从核心墙边向楼层边缘安装。一边拆除水平网，一边进行压型钢板的安装。压型钢板安装后留洞的临边应有专人进行防护钢丝绳、水平安全网的拉设。压型钢板施工层水平安全网的拉设在压型板验收移交前由压型钢板安装单位负责。压型钢板安装步骤如图2-27所示。

（a）第一步：压型钢板吊装

（b）第二步：压型钢板铺设

（c）第三步：边角部位修割

（d）第四步：点焊固定压型钢板

图2-27　压型钢板安装步骤

3. 压型钢板注意事项

1）压型钢板打包后发运，运输及堆放过程中防止变形，严禁用钢丝绳捆绑压型钢板直接起吊，吊点要在固定支架上。搁置在楼层时，应放置在主梁上。

2）高层结构上部风大，在压型钢板铺设的时候，应注意不要一下将所有的压型钢板拆包，要边拆包、边铺设、边固定。每天拆开的压型钢板必须铺设并固定完毕，没有铺设完毕的压型钢板要用钢丝进行临时固定，避免大风吹落压型钢板。

3）压型钢板铺设到哪里，梁面水平网拆除到哪里，即边拆除安全网边铺设压型板，不可大面积拆除水平网。

4）中午、下午下班前应将楼层已铺设的压型钢板点焊牢固，孔洞处设置钢丝绳进行四周防护。

5）随压型钢板安装位置向前或向后进展，防护钢丝绳应事先拉设到位。

6）班组作业人员在铺设压型钢板前，在需铺设压型钢板的梁上方用钢丝绳或麻绳两端固定，供作业人员挂安全带保险钩，绳水平高度为1m左右。钢丝绳或麻绳两端固定在钢梁的安全立杆上

4. 栓钉安装方法

栓钉安装方法如表2-3所示。

栓钉安装方法 **表2-3**

序号	安装方法
1	本工程使用专用栓钉熔焊机进行焊接施工，该设备需要设置专用配电箱及专用线路（从变压器引入）
2	安装前先放线，定出栓钉的准确位置，并对该点进行除锈、除漆、除油污处理，以露出金属光泽为准，并使施焊点局部平整
3	将保护瓷环摆放就位，瓷环要保持干燥。焊后要清除瓷环，以便于检查
4	施焊人员平稳握枪，并使枪与母材工作面垂直，然后施焊。焊后根部焊脚应均匀、饱满，以保证其强度要达到要求

5. 栓钉施工注意事项

栓钉施工注意事项如表2-4所示。

栓钉施工注意事项 **表2-4**

序号	具体内容
1	栓钉必须符合规范和设计的要求。如有锈蚀，需经除锈后方可使用（尤其是栓钉头和大头部不可有锈蚀和污物），严重锈蚀的栓钉不能使用
2	施焊点不得有水分、油污及其他杂质
3	在有风天气施工时，焊工应站在上风头，以防止火花伤害
4	注意焊工的安全保护，尤其焊外围梁时，要进行安全防护，并应更小心、谨慎
5	焊工要熟练掌握焊机、焊枪的性能，搞好设备的维护保养。当焊枪卡具上出现焊瘤、烧蚀或溅上熔渣时，及时清理或更换配件，以确保施工顺利和熔焊质量
6	严防大面积铺设压型钢板时，施工荷载过大而使压型钢板产生下挠度
7	因钢构件安装错误而板铺不平，严格控制梁上坡
8	次梁位置的穿透焊要标示在主梁上
9	每日正式栓焊前，先焊两个钉，经拧弯、检查合格后方可正式施焊

6. 组合楼板钢筋绑扎及构造节点

1）组合楼板钢筋绑扎

（1）先清除模板上杂物，并办完模板预检手续。在楼板上弹出轴线、墙体位置线。用粉笔在模板上画好主筋、分布筋间距。按画好的间距先摆受力主筋，后放分布筋，预埋

件、预留孔等及时配合安装。

（2）因为压型钢板上部波纹位置离钢筋较近，仅为 45mm，此处可采用水泥砂浆垫块，具体如图 2-28 所示。

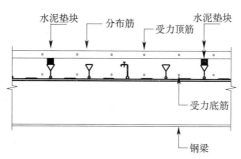

图 2-28 组合楼板构造图

（3）板钢筋从距墙边 5cm 开始配置；下部纵向受力钢筋伸至墙或梁的中心线，且不应小于 5d（d 为受力钢筋直径）。板下部钢筋在支座处搭接，上部钢筋在跨中 1/3 处搭接。

（4）板面筋施工时，应先绑扎下层铁，待设备预埋管线后再绑扎上层。两层钢筋之间须加钢筋马凳，以保证上部钢筋的位置。马凳应放在下铁上，不得直接接触模板。

（5）当洞口尺寸 ≤300 时，钢筋不切断绕过洞口；当 300＜洞口尺寸 ≤800 时，钢筋切断，洞口每侧底附加 2φ12，长为洞口边长加 80d。

2）构造节点

板肋与梁平行收边构造图如图 2-29 所示。

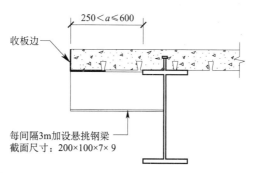

图 2-29 板肋与梁平行收边构造图

塔楼边缘楼板钢筋构造图如图 2-30 所示。

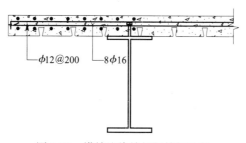

图 2-30 塔楼边缘楼板钢筋构造图

楼板与剪力墙连接构造图如图 2-31 所示。

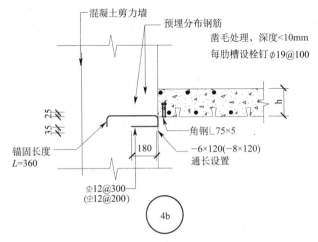

图 2-31　楼板与剪力墙连接构造图

楼板与钢柱/钢板墙连接构造图如图 2-32 所示。

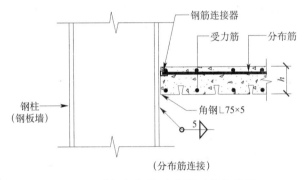

图 2-32　楼板与钢柱/钢板墙连接构造图

典型组合楼板开洞构造图如图 2-33 所示。

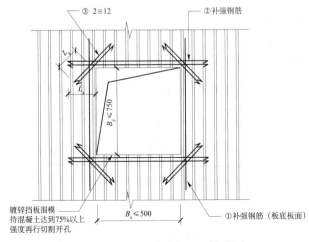

图 2-33　典型组合楼板开洞构造图

7. 组合楼板混凝土浇筑

外框楼板混凝土浇筑采用单根泵管输送混凝土，泵管绕核心筒进行布置，为了避免产生施工冷缝，外框楼板的浇筑以施工电梯预留洞口为界开始浇筑。外框楼板混凝土施工顺序如图 2-34 所示。

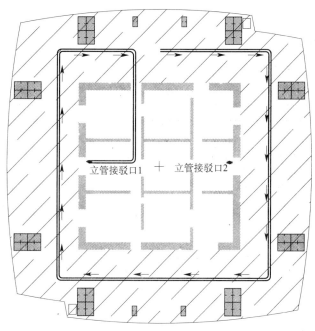

图 2-34　典型外框楼板混凝土浇筑示意图

第三章 施工组织与质量控制

一、施工总体思路

本工程钢混结构按照施工工序和插入施工的时间分成三个施工阶段，如表 3-1 所示。

三个施工阶段 表 3-1

序号	施工阶段	总体思路
1	钢结构深化设计阶段	（1）按照施工顺序和承包的工作范围，成立专业的深化设计小组，分工合作，分阶段出图，加强与设计院的工作联系，及时送审，及时交付加工； （2）深化设计中充分考虑制作工艺和安装工艺要求，将相关临时措施、安装坐标等内容一同在深化设计图纸中体现
2	钢结构制作阶段	（1）制定周密的原材料采购计划，保证原材供应； （2）根据深化设计图纸和现场安装总体顺序，优先进行柱脚埋件、地下室钢柱等地下室钢构件的加工制作，然后进行地上构件的加工制作； （3）制作与安装密切沟通，按照构件安装的总体顺序安排材料采购与下料加工； （4）根据提前一周列出的构件进场计划，采取公路运输进行配套供应
3	钢结构安装阶段	（1）及时、合理规划构件进场顺序及堆放； （2）构件进场后即开始钢板剪力墙、外筒巨柱的安装； （3）在完成钢结构安装，进行施工现场的清理，堆场，拼装场地措施等的清理，进行钢构件涂装施工； （4）认真编制地下室钢结构施工安全专项方案，并严格按照方案进行安全维护的设置，保证施工过程的人员及结构安全； （5）做好与相关单位的施工交叉配合工作
4	土建施工阶段	（1）完成钢结构安装后进行清理移交给土建进行施工； （2）土建施工过程中确保足够的防护措施，保证施工过程的人员及结构安全； （3）做好与钢结构的交叉配合焊接工作； （4）提前制定钢结构安装完成后钢筋帮擦及混凝土的施工顺序

二、大型起重设备的选择

1. 塔式起重机选择原则

1）本工程钢结构吊装重量大，数量多，吊装设备选择重点应考虑内、外筒钢柱、桁架节点的合理分段。

2）各专业交叉作业多，平均吊装高度高，且重型构件及高层位置构件每次吊装时间长，吊装设备的选择与布置需结合构件重量、吊次、工期、安全、成本等多种因素进行综合考虑，确定塔式起重机最优选择与布置。

3）综合考虑各专业垂直运输量以及工期要求来确定吊装设备数量。

4）从吊装设备起重性能及吊装工艺来确定钢构件的分段，从而根据钢构件的单件重量和部位来确定塔式起重机的型号。

5）分析工程各施工阶段钢结构堆场布置，确定塔式起重机臂长。

6）综合考虑塔式起重机运输、安装以及拆卸等工序，保证塔式起重机在本工程使用的可行性。

7）主楼地上结构施工时塔式起重机为内附式工况，需充分考虑塔式起重机对建筑结构本身造成的影响。

2. 吊装分析

在选择垂直运输设备时需要考虑以下因素：

塔楼最高吊装高度530m，与普通高层施工相比，塔式起重机在起重要求方面有诸多不同，需要针对性地解决；塔式起重机不仅要满足钢构件和钢筋吊装的要求，同时还需完成玻璃幕墙以及大型机电设备的吊装任务。

塔楼所选用的塔式起重机需从以下几个方面考虑，如表3-2所示。

塔式起重机的选择　　　　　　　　　　　　　　　　　　　　表3-2

序号	使用特点	处理方式
1	塔楼高度为530m，考虑构件重量、塔式起重机双绳起重能力、塔式起重机大臂长度以及卷扬机限位钢丝绳长度，塔式起重机钢丝绳选择不得少于850m	为保证塔式起重机使用安全、充分发挥M1280D塔式起重机起重能力，兼顾经济性，塔式起重机选择900m钢丝绳，900m钢丝绳双绳限位起重高度为338m，338m以上高度构件吊装时必须采用单绳进行吊装
2	构件从地面到高空就位时间长	快速卷扬机系统
3	卷扬机容绳量增加后，引擎驱动效率降低	引擎大功率
4	构件单件重量大	起重能力大的卷扬机

3. 钢丝绳的选择

两台M1280D塔式起重机均选择55m臂长，有效作业半径52.5m，一台M900D塔式起重机均选择45.8m臂长，有效作业半径42.5m；M1280D塔式起重机双绳最大起重量为100t，单绳最大起重量为50t；M900D双绳最大起重量为64t，单绳最大起重量为32t。因M1280D塔式起重机需要负责核心筒外框巨型钢柱和桁架层超重节点的吊装任务，起重性能要求较高，现针对塔式起重机在使用不同倍率吊装时性能参数对比如表3-3所示。

钢丝绳的选择　　　　　　　　　　　　　　　　　　　　　表3-3

塔式起重机	倍率	10	15	20	25	30	35	40	45	50	55
M1280D	双绳	100	100	100	99.5	80.2	66.8	56.8	49.0	42.5	38
	单绳	50.0	50.0	50.0	50.0	50.0	50.0	50.0	49.0	42.5	38
M900D	双绳	64.0	64.0	59.9	46.6	37.7	31.4	25.5	22.3	/	/
	单绳	32.0	32.0	32.0	32.0	32.0	30.5	25.1	21.5	/	/

换绳工况：如图3-1所示。

4. 塔式起重机的选型

M1280D塔式起重机系澳大利亚法福克公司生产，起重力矩2450t·m，内燃机动力，全液压控制。塔机初始安装自由高度56m；主臂臂长为55m，最大起重量100t/2倍率，

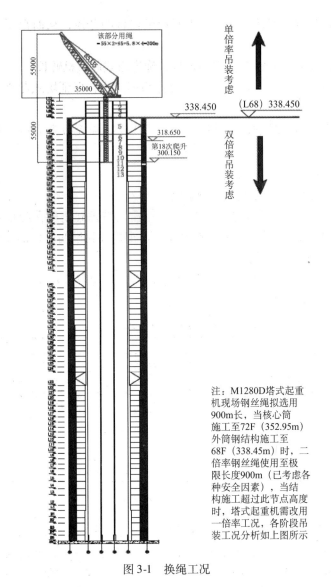

图 3-1　换绳工况

50t/1 倍率。M1280D 塔式起重机的参数详见表 3-4。

M120D 塔式起重机的参数　　　　　　　　　　　　　　　　表 3-4

序号	M1280D 主要部件名称		外形尺寸 $L \times B \times H$（m）	单重（t）	超重件解体后（t）	数量
1	标准节		4.000×3.521×3.509	8.20		12
2	加强节		4.000×3.521×3.509	9.25		2
3		下回转体	4.55×3.76×2.51	18.20		1
4	可分离式	上回转体	6.11×3.65×2.74	18.50		1
5	机械平台	平衡臂（机械平台）	7.5×3.65×2.73	15.50		1
6		驾驶室	1.7×1.19×2.1	1.60		1
7		配重	4×0.225×1.8	7.65		15
8	主卷扬筒及钢索		5.650×2.250×2.250	23.00		1
	其中主卷扬底座			7.00	7	1
	主卷扬卷筒			16.00	16	1

续表

序号	M1280D 主要部件名称	外形尺寸 $L \times B \times H$（m）	单重（t）	超重件解体后（t）	数量
9	主卷扬绳	850m	12.00		1
	动力包（发动机组）	$4.45 \times 3.25 \times 3.2$	15.00		1
10	A 架	$17.200 \times 3.850 \times 1.2$	18.50		1
11	起重臂	$73.4 \times 3.6 \times 3.2$	32.00	18	8 节

5. 塔式起重机的定位

塔楼采用 3 台动臂式塔式起重机，分别以 1、2、3 号按顺时针方向进行编号。其中，1、3 号塔式起重机型号为 M1280D，2 号塔式起重机型号为 M900D。塔式起重机准确定位及相应编号如图 3-2 所示。

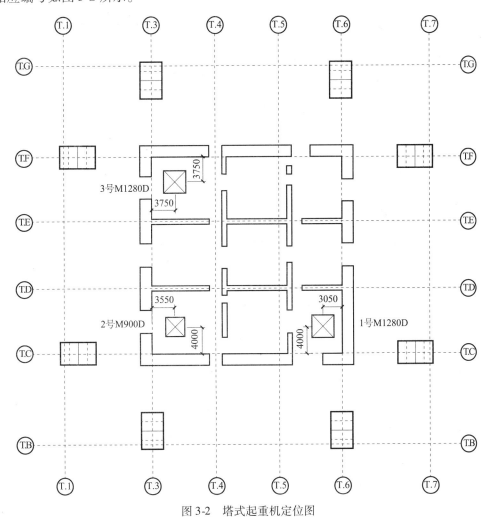

图 3-2　塔式起重机定位图

三、大型构件水平运输路线及存放场地

1. 钢构件堆放原则

1）TKZ 的摆放：巨柱按单层摆放，间距 1.5m 计算，考虑牛腿长度 1m。

2）钢板剪力墙的叠放：钢板剪力墙呈双层叠放，左右间距 0.5m，上下层间距 0.2m，上层与下层之间放置枕木起间隔作用。

3）小型巨柱摆放：TMZ 长度平均值为 15m、宽度为 1m、高度 2m，因此 TMZ 按单层摆放，间距 0.5m。

4）钢梁叠放：由于钢梁长短不同，先将钢梁分类：长度大于 7m 归为一类；长度在 7～2.5m 的归为一类；长度小于 2.5m 的归为一类。各钢梁摆放水平间距均为 0.5m，按三层叠放，上下层间用 0.2m 厚枕木隔开。堆放时先考虑较长的钢梁堆放，后考虑短钢梁的摆放，同时注意钢梁的间距及上下层关系，将长钢梁放下面，短钢梁放置于长钢梁上面。

5）核心筒型钢柱摆放：因其长度及截面与 TMZ 柱相差不大，因此堆放原则与 TMZ 相同。

6）环桁架摆放：由于环桁架为重型构件，不宜双层叠放，因此将环桁架单层摆放，各部分构件按间距 0.5m 摆放。

7）琶洲生活区钢构件堆放：前期样板房未引入时将现场多余构件摆放于基地南侧（约 $2500m^2$），样板房引入后将施工现场多余构件放置于基地中心（约 $820m^2$）。

主体结构阶段构件堆场平面图如图 3-3 所示。

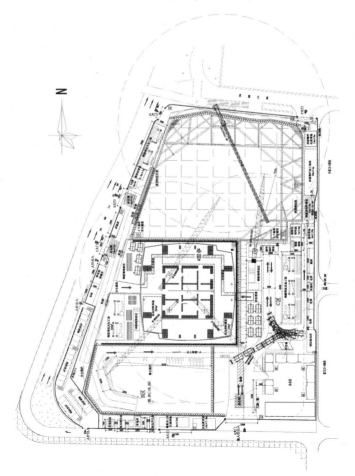

图 3-3　主体结构阶段构件堆场平面图

2. 钢构件运输交通情况

1）第一阶段

基坑东侧钢构件由北侧（现阶段大门-8m 宽）进入，卸车成功后倒车退出。

2）第二阶段

构件从 A（21m 宽）大门进入，在 C 区卸车成功后于基坑东南角转车后仍由 A 大门开出。

3）第三、四阶段

主塔楼东侧构件由 A 大门运入，卸载成功后在主塔楼东南角倒车后于 A 大门开出。主塔楼西侧钢构件由 C 大门（12m 宽）运入，卸车成功后倒车退出施工场地。

4）第五、六阶段

主塔楼西侧及南侧构件均由 B 大门（21m 宽）进入，卸车成功后由 C 大门及 D 大门退出施工场地。

四、质量控制

1. 单层钢板剪力墙的精度控制

一般单层钢板剪力墙端部与型钢柱连接，整体吊装就位。安装过程主控立面垂直度。

（1）初步就位

由于单层钢板剪力墙由于底部截面小，容易发生倾斜。单板剪力墙吊装依靠单板墙两端钢柱及水平对接耳板穿螺栓对位，在垂直墙体方向拉设双向缆风绳，缆风绳沿墙体方向 2m 一对布设，拉紧捯链，在竖向对接位置点焊马板临时固定。初步固定后操作工通过爬梯松开吊钩。单板墙缆风绳如图 3-4 所示。

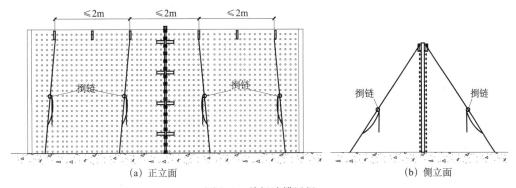

(a) 正立面　　　　　　　　　　　　　　(b) 侧立面

图 3-4　单板墙缆风绳

第一段单板墙安装时底边竖向无对接，须在混凝土顶面内预埋措施埋件，楼板混凝土浇筑完成后，在埋件上测放剪力墙底端控制线，做单板剪力墙底端临时固定（单板墙第一段就位后，下底边与埋件点焊牢固）。

（2）立面垂直度校正

全站仪在轴侧方向架设，调平后竖丝观测校正单板墙端部（型钢柱或对接立边）垂直度，拉动捯链校正垂直度。

2. 单层钢板剪力墙的变形控制

在超高层建筑中，单层钢板墙由于长细比过大常常会出现压缩变形、结构沉降变形及运输过程中的变形、在焊接过程中由于与外界温差不同也会出现横向温度收缩变形和竖向收缩弯曲变形、焊接后型钢构件的平面围绕轴线发生角位移变形及构件发生超出构件表面的失稳变形等。若出现以上变形，将直接影响结构的垂直度和外观质量，为了使型钢构件的形状和尺寸满足要求，必须将型钢构件校正、修正、焊缝刨除重新焊接，甚至将型钢构件报废重做。

为了防止单层钢板墙出现以上变形，在钢板墙深化设计时根据型钢构件变形量的大小，在钢板墙上增加横向和竖向型钢板，增加型钢板墙的平面刚度，使钢板墙不出现变形。

单层钢板剪力墙型钢板示意图如图 3-5 所示。

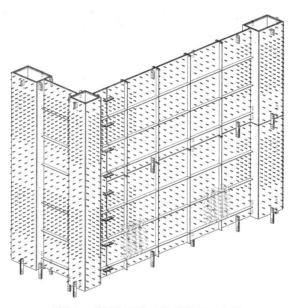

图 3-5 单层钢板剪力墙型钢板示意图

3. 双层钢板墙的精度控制

由于现场钢板墙外形尺寸较大，安装精度要求高，为控制工厂制作及工艺检验数据等误差，保证构件的安装空间位置，减小现场安装产生的累积误差，必须进行必要的工厂预拼装，以通过实样检验预拼装各部件的制作精度，修整构件部位的界面，复核构件各类标记。

L 形双层钢板剪力墙如图 3-6 所示。

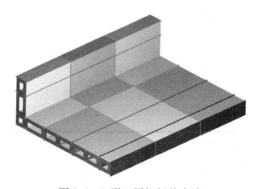

图 3-6 L 形双层钢板剪力墙

钢板剪力墙厂内预拼装采用"2+1"渐进式预拼装方法，即首先将三（2+1）节连续钢板墙进行整体预拼，检查合格后将前两节钢板墙移走，留下与下一预拼环节相连的一节，并将其移至第一榀胎架，然后将后续两节吊至胎架进行下一环节的预拼。这种预拼装方法的优点在于既保证了预拼装精度要求，又不占用大面积的预拼装场地，整个环节只有三榀胎架，预拼装节奏快且预拼装措施少。

4. 双层钢板剪力墙的变形控制

双层钢板剪力墙一般布置于核心筒外墙体内，分布于楼层面内钢板墙长度长，根据构件分段，同层构件安装整体标高需统一。安装过程主控构件安装垂直度、同层构件整体直线度、整体顶面平整度，在双层钢板剪力墙内部设置多个支撑方钢柱，控制超长钢板剪力墙在运输过程中及施工过程中的钢结构扭曲变形，在施工过程中主要从以下几点控制钢板剪力墙的变形：

（1）安装就位

根据上层钢板剪力墙焊后整体标高复核数据，对构件预控处理（参见钢柱标高复核）。

双层钢板剪力墙吊装接近就位，根据剪力墙壁内焊接衬板卡位滑入就位，存在水平对接的构件根据竖焊缝衬板及连接耳板初步就位，安装螺栓穿夹板连接安装耳板临时固定。

（2）垂直度初校

对于直线型或者独立柱型钢板剪力墙，用全站仪在相互垂直的方向上校正剪力墙垂直度，校正方法拟钢柱垂直度初校，L形钢板墙可直接利用衬板滑入、耳板连接就位，拧紧安装螺栓。

（3）双层钢板剪力墙顶面坐标测控与墙体直线度控制

构件安装就位，测控竖向隔板中点坐标，剪力墙两端中点连线或角部与端部中点间弹，比对水平对接接缝处中点偏移及中点坐标设计值校正钢板剪力墙宽度方向中心轴线，控制单片墙体直线度及整体墙体直线度。

（4）地下室双层钢板剪力墙测控

双层钢板剪力墙安装就位，外控法测控轴线度，照准基坑外控制点后视定向，在构件宽度方向中点立镜，测量点平面坐标，根据设计值进行顶端定位校正。平面坐标校正后，依据楼层标高控制线用水准仪测量构件顶端标高，用千斤顶校平。存在水平对接的构件，根据两端边中点绷线比对对接边中点偏差，用千斤顶校正。

对接物件测控如图3-7所示。

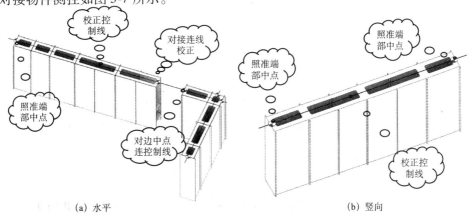

(a) 水平　　　　　　　　　　　　　　　　(b) 竖向

图3-7　对接构件测控

（5）地上双层钢板剪力墙测控

双层钢板剪力墙安装就位，竖向投递控制点位至顶模操作平台 4 个端点位置（桁架上），架设全站仪进行轴线校正。每次顶模系统顶升后，重新从下方基准点位竖向投递控制点，经闭合平差改正后作为控制点坐标数据。

顶模桁架下弦距离钢模顶面 6.00m，标准层核心筒墙体混凝土浇筑后，钢板剪力墙通常高于混凝土面 1.20m。根据双层钢板剪力墙分段 4.50m，构件安装就位，顶端标高离顶模桁架下弦 300mm（标准层通常 4.50m），桁架上下弦高差 2.40m，剪力墙顶端距离控制点位竖向高差 2.70m。

地上双层钢板剪力墙测控图如图 3-8 所示。

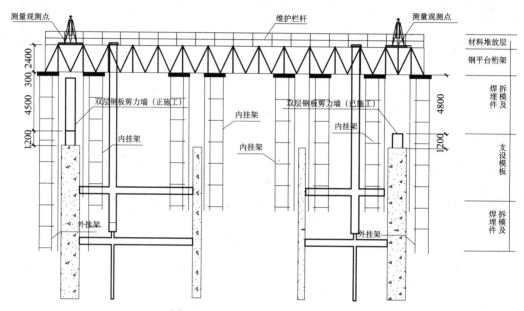

图 3-8　地上双层钢板剪力墙测控图

采用坐标法观测时，全站仪架设后近端俯角较大。依据控制点布设，划分控制点测控区域，保证全站仪照准棱镜时俯角小于 30° 及降低棱镜高，测量精度受控。

顶模系统上双层剪力墙控制点布设详图如图 3-9 所示。

控制点测控区图如图 3-10 所示。

5. 压型钢板安装质量控制要点

（1）型钢板在装、卸、安装中严禁用钢丝绳捆绑直接起吊，运输及堆放应有足够支点，以防变形；

（2）铺设前对弯曲变形的压型钢板应校正好；

（3）功能楼层钢梁顶面要保持清洁，严防潮湿及涂刷油漆未干；

（4）下料、切孔采用等离子切割机进行切割，严禁用氧气乙炔火焰切割，大孔洞四周应补强；

（5）支顶架拆除应待混凝土达到一定强度后方可拆除；

（6）压型钢板按图纸放线安装、调直、压实，并点焊牢靠；

（7）压型钢板铺设完毕、调直固定后应及时用锁口机具进行锁口，防止由于堆放施工材料和人员交通，造成压型板咬口分离；

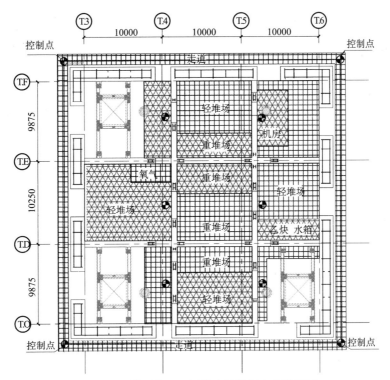

图 3-9　顶模系统上双层剪力墙控制点布设详图

控制点测控区图如图 3-10 所示。

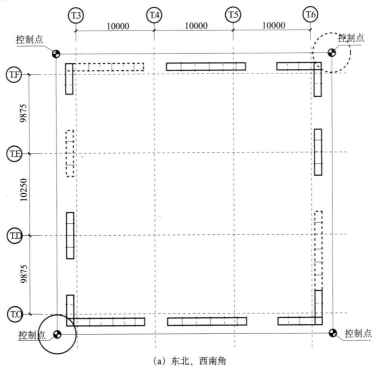

（a）东北、西南角

图 3-10　控制点测控区图（一）

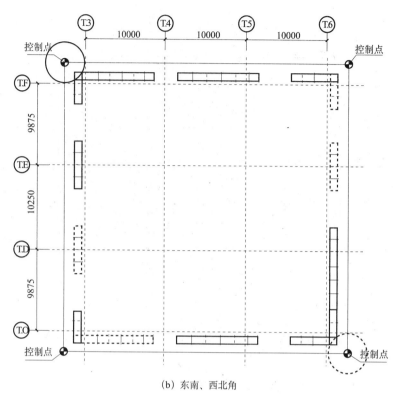

（b）东南、西北角

图 3-10 控制点测控区图（二）

（8）安装完毕，应在钢筋安装前及时清扫施工垃圾，剪切下来的边角料应收集到地面上集中堆放；

（9）加强成品保护，铺设人员交通马道，减少人员在压型钢板上不必要的走动，严禁在压型钢板上堆放重物。

6.压型钢板安装质量保证措施

压型钢板安装质量保证措施见表 3-5。

压型钢板安装质量保证措施   表 3-5

序号	压型钢板安装质量保证措施	示意图
1	梁柱接头处压型钢板切口采用等离子切割机进行，不得使用火焰进行切割	

序号	压型钢板安装质量保证措施	示意图
2	压型钢板铺设时，纵、横向压型钢板要注意沟槽的对直沟通，便于钢筋绑扎	
3	要保证平面绷直，铺设好以后，不允许有下凹现象	
4	收边板的安装需严格按照设计及规范要求进行施工	

7. 栓钉焊接质量控制要点

外观检验：焊接完毕，用尖头手锤敲击每个栓钉，脱掉瓷环进行外观检查。不应有未熔和、咬边及磁偏吹现象。缺陷部位用电焊补满。

弯曲试验：对焊层不完善的栓钉，用手锤敲击时发出空鼓声的栓钉，焊接后高度超过1.6mm规定值的栓钉进行打弯30°角试验，将缺陷露出。如被弯栓钉未出裂纹，则认为此栓钉合格。每批同类构件抽查10%，且不应少于10件；被抽查构件中，每件检查焊钉数量的1%，但不应少于1个。

每天施焊栓钉做记录：每层段施焊完做一次验收，做好施工记录。

栓钉焊接质量控制要点见表3-6。

栓钉焊接质量控制要点　　　　　　　　　　　　　　表3-6

序号	栓钉焊接质量控制要点	示意图
1	焊后检查栓钉底部的焊脚应完整并分布均匀	
2	外观检查合格的栓钉还应按照规范要求用铁锤进行打击，使其弯曲30°，并检查焊接部位是否出现裂纹	栓钉检查示意图
3	清理压型钢板，栓钉施焊点不得有水分、杂物及油污	 压型钢板清理示意图

8. 栓钉焊接质量保证措施

栓钉焊接质量保证措施见表3-7。

栓钉焊接质量保证措施　　　　　　　　　　　　　　表3-7

序号	焊接栓钉质量保证措施	示意图
1	清理压型钢板，栓钉施焊点不得有水分、杂物及油污	
2	焊前检查栓钉，发现生锈，除锈后使用或者放弃	
3	施焊前检查瓷环，发现有潮湿立即进行烘焙。使用受潮瓷环，当受潮后要在2500℃下焙烘1h，中间放潮气后使用	
4	严格按照焊接工艺施工	
5	焊后根据规范对栓钉焊接质量进行检查	栓钉焊接示意图